FAO中文出版计划项目丛书

生态农业发展潜力

——建立气候适应型生计和粮食体系

联合国粮食及农业组织　编著

高战荣 等　译

U0380970

中国农业出版社

联合国粮食及农业组织

2022·北京

引用格式要求：

粮农组织和中国农业出版社。2022 年。《生态农业发展潜力——建立气候适应型生计和粮食体系》。中国北京。

08-CPP2021

本出版物原版为英文，即 *The potential of agroecology to build climate -Resilient livelihoods and food systems*，由联合国粮食及农业组织于 2020 年出版。此中文翻译由黑龙江大学应用外语学院安排并对翻译的准确性及质量负全部责任。如有出入，应以英文原版为准。

ISBN 978-92-5-136820-6（粮农组织）
ISBN 978-7-109-30327-0（中国农业出版社）

FAO中文出版计划项目丛书

译审委员会

本书译审名单

致 谢
ACKNOWLEDGEMENTS

"结合地方创新、国家政策与全球思维方式,有望实现生态农业转型。"

粮食安全与营养问题高级别专家小组(HLPE)主席帕特里克·卡隆于2019年10月在世界粮食安全委员会第46次会议上介绍高级别专家小组关于生态农业的报告。

"我们不能在产生问题的思维层面寻找解决问题的方法。"

——阿尔伯特·爱因斯坦

鉴于上述引用,本书由 Maryline Darmaun(粮农组织)、Fabio Leippert (Biovision)、Martial Bernoux(粮农组织)和 Molefi Mpheshea(粮农组织)倡导并撰写。主要章节作者为 Adrian Müller(瑞士有机农业研究所)、Matthias Geck(Biovision)、Martin Herren(Biovision)、Wambui Irungu(顾问)、Mary Nyasimi(顾问)、Jean Michel Sene(环境保护与发展行动协会)、Mamadou Sow(环境保护与发展行动协会)、Moussa Ndienor(塞内加尔农业研究所)、Ibrahima Sylla(顾问)和 Céline Termote(肯尼亚国际生物多样性组织)。Mohamed Diagne(粮农组织)、Martin Lichtenegger(Biovision)、Maike Nesper(Biovision)、Makhfousse Sarr(粮农组织粮食安全和营养)、Aissatou Sylla(粮农组织粮食安全和营养)、Gregory Zimmermann(Biovision)提供了支持。塞内加尔的数据收集工作得到了高级顾问 Ibrahima Sall、Daro Samb、Soulèye Ndiaye、Mansour Thiongane 的鼎力支持。

本作品由多方利益相关者、各层级、跨学科人士通力合作,展现了生态农业的本质与优势。

➢ 国家层面,汇聚了来自粮农组织驻塞内加尔及肯尼亚办事处、地方非政府组织〔环境保护与发展行动协会(Enda Pronat)、文化生态研究所(ICE)和肯尼亚国际生物多样性组织〕的同事及农民。

➢ 全球层面,进行了跨部门合作,粮农组织、Biovision 与瑞士有机农业研究所(FIBL)首次合作落实此项工作,罗马总部气候与环境司(CBC)、植物生产及保护司(AGP)和动物生产及卫生司(AGA)以Abram Bicksler〔植物生产及保护司(管理)〕、Emma Siliprandi(植物生产及保护司）、Jimena Gomez［植物生产及保护司（管理）］和 Anne Mottet（畜牧生产及遗传资源处）为首的同事紧随其后。

最后，感谢咨询委员会外部伙伴机构的审查与建议，特别鸣谢：

联合国粮农组织成员：

Stefano Mondovi、Suzanne Phillips、Ronnie Brathwaite、Maria Hernandez Lagana［植物生产及保护司（管理）］、Sylvie Wabbes Candotti、Roman Malec、Rebeca Koloffon（塞内加尔振兴计划）、Beate Scherf（可持续农业计划管理团队）、Abram Bicksler［植物生产及保护司（管理）］、Makhfousse Sarr（FAOSN）、Leticia Pina（可持续农业计划管理团队）、Astrid Agostini（可持续农业计划管理团队）、Julia Wolf（气候与环境司）、Patrick Kalas（CBDD）、Yodit Kebede（RAFTD）、Isabel Kuhne（FAORAF）、Elizabeth Laval（气候与环境司）、Alexander Jones（气候与环境司）、Emma Siliprandi（植物生产及保护司）、Dario Lucantoni（畜牧生产及遗传资源处）、Anne Mottet（畜牧生产及遗传资源处）、Jimena Gomez［植物生产及保护司（管理）］、Frank Escobar［植物生产及保护司（管理）］、Mame Diene（FADSN）、Yacine Ndour（FADSN）、Santiago Alvarez（气候与环境司）、Etienne Drieux（气候与环境司）。感谢编辑 Emilie Tanganelli（粮农组织）和设计布局 Claudia Tonini 以及 Rebecka Ramstedt（粮农组织）。

外部伙伴：

Emmanuel Torquebiau、Etienne Hainzelin、Stéphane Saj、Francois Cote、Eric Scopel、Pierre Silvie（法国农业国际合作研究发展中心）、Patrice Burger（CARI）、Laurent Cournac、Cathy Clermont Dauphin、Lydie Lardy、Tiphaine Chevallier（农业发展研究所）、Stephane de Toudonnet（蒙彼利埃高等农学院）、Laure Brun（环境保护与发展行动协会）、Francois Pythoud（瑞士常驻粮农组织/农发基金/粮食计划署代表）、Christina Blank（瑞士发展与合作署）、Pio Wennubst（瑞士常驻粮农组织/农发基金/粮食计划署代表）、Sara Lickel（法国明爱天主教救济会）、Alain Olivier（拉瓦尔大学）、Moussa Ndienor（塞内加尔农业研究所）、Emile Frison（可持续粮食体系国际专家小组）、Fergus Sinclair（国际农业研究磋商组织）以及 Andrea Ferrante（Schola Campesina 研究中心）。

联合国粮农组织首次将粮食体系的未来需要——气候变化与生态农业相结合。感谢瑞士发展与合作署（SDC）的财政资助以及对本次振奋人心的合作的信任与支持。

　　本书撰稿人无意遗漏任何信息。

　　获取更多相关信息或提供反馈，请联系：粮农组织（change@fao.org）；Biovision生态发展基金会（agroecology@biovision.ch）；农业发展研究所（maryline.darmaun@ird.fr）。

缩略语
ACRONYMS

ACT	生态农业判断工具
AEZ	生态农业区
AGA	粮农组织动物生产及卫生司
AGN	非盟谈判小组
AGP	粮农组织植物生产及保护司
ALV	非洲绿叶蔬菜
AMS	塞内加尔市长协会
ASRGM	塞内加尔再造林绿色长城机构
ASDS	农业部门发展战略
ANACIM	国家民航局和气象局
BAME	宏观经济分析局
CAN	气候行动网络
CBC	粮农组织气候与环境司
CBD	生物多样性公约
CBO	社区组织
CCASA	塞内加尔农业与气候变化
CDH	园艺发展中心
CDM	清洁发展机制
CESE	社会和环境经济委员会
CFS	世界粮食安全委员会
CIRAD	法国农业国际合作研究发展中心
COMNACC	国家气候变化委员会
CNCR	全国农村协商与合作委员会
COP	缔约方大会
CSA	气候智能型农业
CSE	生态监察中心
CSO	民间社会组织

CT	地方行政部门
DEEC	环境分类机构
DYTAES	塞内加尔生态农业转型动态
EDN	环境保护与发展行动协会
PRONAT	天然土壤
ESEC	经济、社会和环境理事会
EU	欧洲联盟（欧盟）
FAO	联合国粮食及农业组织（粮农组织）
FENAB	全国有机农业联合会
FFS	农民田间学校
FIBL	有机农业研究院
FGD	焦点小组座谈
FSN	粮食安全和营养
GCA	全球适应委员会
GGGI	全球绿色发展署
GKP	全球知识产品
GIZ	德国国际合作机构
HDI	人类发展指数
HLPE	高级别专家小组
INP	国家土壤研究院
IP	创新平台
ICE	文化与生态研究所
IFOAM	国际有机农业运动联盟
INGOs	国际非政府组织
IPCC	政府间气候变化专门委员会
IPBES	生物多样性和生态系统服务政府间科学政策平台
IPES-Food	可持续粮食体系国际专家小组
ISRA	塞内加尔农业研究所
ITPGRFA	《粮食和农业植物遗传资源国际条约》
KCSAIF	肯尼亚气候智能型农业的实施
KCSAS	肯尼亚气候智能型农业战略
KJWA	科罗尼维亚农业联合工作
LDC	最不发达国家
LOASP	《农林牧指导法》
LPSEED	环境与可持续发展部门政策信函

LPSDA	农业部门发展政策信
MAER	农业与农村发展部
MEDD	环境与可持续发展部
MOALF	农业、畜牧业和渔业部
NCCRS	《国家应对气候变化战略》
NCCAP	《国家气候变化行动计划》
NDC	国家自主贡献
NGO	非政府组织
NNGO	国家非政府组织
NSIF/SLM	国家可持续土地管理战略投资框架
PANA	《国家适应行动计划》
PD	政策局
PNIASAN	《国家农业与粮食安全和营养投资计划》
PRACAS	《塞内加尔农业促进计划》
PSE	《塞内加尔振兴计划》
SB	附属机构
SBI	附属履行机构
SBSTA	附属科学技术咨询机构
SDG	可持续粮食体系
SFS	清洁发展机制
SHARP	《农牧民气候复原力自我评价与整体评价》
SINGI	可持续创收投资集团
SLM	可持续土地管理
SNDD	国家可持续发展战略
SNFAR	国家农业与农村培训战略
SSA	撒哈拉以南的非洲地区
SRI	水稻强化栽培系统
TAPE	生态农业绩效评价工具
UCAD	谢赫·安塔·迪奥普大学
UNCCO	《联合国防治荒漠化公约》
UNFCCC	《联合国气候变化框架公约》
WMO	世界气象组织

前 言
FOREWORD

粮食体系的可持续发展与复原力关乎粮食生产及其价值链中的谋生者，乃至全人类的生存问题。面临新型冠状病毒肺炎的干扰，当前粮食体系的脆弱性展露无遗。气候变化对于粮食体系更是一场巨大且严峻的挑战。

生态农业是农业系统缓解气候变化，挖掘适应潜力并提高复原力的良方。然而，生态农业目前仍缺乏全面有力的比较评估方法，以及转变国际和国家政策的指导性方案。

本书调用国家和国际评估方法及科学方法论，得出有力的结论——建立在地方社区基础上的生物多样性生态农业系统提高了应对气候变化的复原力。生态农业不是灵丹妙药，但提供了粮食体系转型亟须的推动力和原则，使之符合可持续发展目标。

本书还明确了生态农业转型的障碍。在这个过程中，迫切需要克服筒仓思维、接受复杂性、投资生态农业、综合研究，并通过有效的推广服务获取知识。采用生态农业原则需要政策提供公平有利的竞争环境，制定循证政策时不我待。

欢迎多方利益相关者通力合作完成这项工作，科学家、农民、政府及民间社会组织共同参与研究，了解农业与气候相关知识。经由外部专家完善及同行审查后的研究结果将反馈至科罗尼维亚农业联合工作（KJWA）、世界粮食安全委员会（CFS）和缔约方大会（COP）等政策进程，以弥补科学与决策进程间的差距。

感谢瑞士发展与合作署（SDC）支持这项及时而重要的工作。

Biovision 基金会

首席执行官　弗兰克·埃霍恩

联合国粮食及农业组织（FAO）

雷内·卡斯特罗

执行摘要
EXECUTIVE SUMMARY

气候变化对世界各地的民生和粮食体系产生了严重的负面影响。据最新预测，未来气候变化将严重破坏现今各国为改善粮食安全和营养作出的努力，尤其是撒哈拉以南的非洲国家。为了充分解决这一问题，粮食体系急需转型，以提高粮食可持续性和复原力。其中，生态农业发挥了重要作用。粮农组织理事会呼吁加强生态农业循证工作，为了响应此号召，本书旨在阐述生态农业和气候变化的现有联系，为建立适应性强的粮食体系提供技术和政策潜力实证。变革需要各阶层共同努力，联合国机构（粮农组织）、研究院（有机农业研究院、生物多样性研究院、可持续粮食体系国际专家小组）和民间社会组织（Biovision，Enda Pronat，文化与生态研究所）共同参与了本研究，汇集了来自不同背景和拥有不同视角的参与方收集的证据。

本书主要问题：

生态农业如何通过实践和政策增强气候变化适应力、缓解气候变化以及增强复原力？

为了提供可靠的循证答案，我们从三个方面进行分析：

（1）国际政策领域，尤其是《联合国气候变化框架公约》和科罗尼维亚农业联合工作；

（2）应用元分析与同行评审科学研究法分析和研究生态农业；

（3）肯尼亚和塞内加尔两项案例评估了生态农业在各自国家环境下的政策潜力和帮助农民增强气候复原力的生态农业技术潜力。

本书的主要发现：

➢ 科学证据表明，实施生态农业能增强气候复原力。成功的因素在于：

a）生态原则，尤其是生物多样性、总体多样性和健康土壤的原则（元分析和案例研究结果）。

b）社会因素，尤其是知识共创与共享，以及培养传统（案例研究结果）。

➢ 国家自主贡献超过 10％的《联合国气候变化框架公约》成员国认为生

态农业是解决气候变化问题的有效方法。此外，政府间气候变化委员会（IPCC，气专委）《气候变化与土地特别报告》和世界粮食委员会《2019 年人类发展指数报告》也支持生态农业具有气候潜力（政策分析得出的结论）。

➢ 生态农业的跨学科和系统性特征是变革力量的关键。然而，在全面研究与政策修订中，这些特征也是两者面临的主要挑战：通常，研究概念和政策实施过程都侧重于部门观点的生产层面（元分析和政策分析得出的结论）。

本书的主要建议：

➢ 以丰富的知识储备为基础发展生态农业，提高复原力可视为一项可行的气候变化适应战略。

➢ 消除推广生态农业遇到的障碍：增强各部门、利益相关者和各级别对系统性方法的理解，并增加系统性知识的获取渠道。

➢ 需要进一步比较研究生态农业的多维效应。

➢ 生态农业的变革复原力—建设潜力，其取决于整体性和系统性，并与一系列实践不同，包括：生产者赋权的社会运动和多学科的科学范式。

目 录
CONTENTS

致谢 ……………………………………………………………………………… V

缩略语 …………………………………………………………………………… viii

前言 ……………………………………………………………………………… xi

执行摘要 ………………………………………………………………………… xiii

1 引言 …………………………………………………………………………… 1

1.1 基本原理：生态农业纳入气候变化讨论议题 ……………………………… 1

1.2 总目标与机制 …………………………………………………………………… 3

1.3 定义及概念 ……………………………………………………………………… 4

　1.3.1 生态农业框架：如何理解生态农业 ……………………………………… 4

　1.3.2 气候复原力 ………………………………………………………………… 6

2 国际政策潜力 ………………………………………………………………… 10

2.1 方法 …………………………………………………………………………… 10

2.2 《联合国气候变化框架公约》（UNFCCC）谈判的生态
农业背景 ……………………………………………………………………… 10

　2.2.1 走向科罗尼维亚的漫漫长路 ……………………………………………… 10

　2.2.2 生态农业国家自主贡献率分析 …………………………………………… 12

2.3 科罗尼维亚会谈当前动态 …………………………………………………… 14

　2.3.1 科罗尼维亚农业联合工作（KJWA）进程及缔约方与
观察员初步意见 ……………………………………………………………… 14

　2.3.2 话题 2（a）：五个与会小组就农业相关问题讨论
未来实施形式以及可能衍生的问题 ………………………………………… 16

　2.3.3 话题 2（b）：评估适应力、适应力协同效益及复原力的方法；
话题 2（c）：草地、耕地或经水治理后改善的土壤碳、
土壤健康、土壤肥力 ………………………………………………………… 16

2.3.4 话题 2（d）：改善养分利用和粪便管理，建立可
持续适应型农业体系 ·· 18

2.3.5 科罗尼维亚农业联合工作（KJWA）等主要利益相关者就
《联合国气候变化框架公约》进程中关于农业和气候变化
关系的当前讨论 ·· 19

2.4 展望：《联合国气候变化框架公约》支持下的生态农业发展潜力····· 20

2.5 结论：生态农业纳入国际气候变化政策的潜力 ······················· 22

3 元分析：生态农业适应气候变化及提高复原力的潜力 ·············· 24

3.1 引言 ··· 24

3.2 研究方法 ·· 24

3.3 研究结果 ·· 25

3.3.1 元分析与综述 ··· 26

3.3.2 单一系统比较研究 ··· 29

3.3.3 知识共创与知识转让咨询服务综述 ······························· 32

3.4 讨论：生态农业应对气候变化的潜力 ·································· 33

3.4.1 提高适应力，降低脆弱性，缓解协同效益 ························· 33

3.4.2 研究不足 ··· 34

3.4.3 提交至科罗尼维亚农业联合工作：待列入话题 2（b）、
2（c）和 2（d）的要素 ··· 35

3.5 结论 ··· 35

4 生态农业政策与技术潜力分析（肯尼亚和塞内加尔案例研究）············· 37

4.1 总体方法 ·· 37

4.1.1 生态农业政策潜力评估方法 ······································ 37

4.1.2 生态农业技术潜力评估方法 ······································ 39

4.2 肯尼亚案例研究结果 ··· 41

4.2.1 当地情况 ··· 41

4.2.2 政策潜力 ··· 42

4.2.3 技术潜力 ··· 54

4.2.4 社会案例研究：农民社区看法 ···································· 69

4.3 塞内加尔案例成果研究 ··· 71

4.3.1 当地情况 ··· 71

4.3.2 政策潜力 ··· 73

4.3.3 技术潜力 ··· 84

5　研究结论与建议 ·· 99

5.1　结论 ··· 99

5.1.1　国际政策日益关注生态农业 ······················· 99

5.1.2　研究表明，生态农业可以提高气候复原力 ·········· 100

5.1.3　两国经验 ··· 101

5.2　建议 ··· 105

5.2.1　总体建议 ··· 105

5.2.2　向资助者、决策者和其他利益相关者提出进一步建议 ·········· 105

5.2.3　对科罗尼维亚农业联合（工作）的建议 ·············· 106

5.2.4　对研究人员和资助者的建议 ························· 106

参考文献 ·· 108

附录 ·· 120

附录 1　受访利益相关者清单（2.3 和 2.4） ·················· 120

附录 2　文献综述 ·· 121

附录 3　元分析中分析的文献列表（3） ······················· 133

附录 4　社会案例研究：农民社区看法 ······················· 142

1 引　言

1.1　基本原理：生态农业纳入气候变化讨论议题

气候变化对全球民生及粮食体系产生的消极影响不可低估。未来，气候变化可能会严重削弱当前我们为了提高各国粮食安全与营养水平所付诸的努力，特别在撒哈拉以南非洲地区（Strohmaier 等，2016）。2018 年《世界粮食不安全状况》报告紧急呼吁全球加快行动步伐并扩大行动范围，提高农业部门应对气候变化的复原力和适应能力。

当前形势下，迫切需要将粮食体系转变为更具可持续性和复原力的系统。政府间气候变化专门委员会（IPCC）的《全球变暖 1.5℃特别报告》和《气候变化和土地问题特别报告》（气专委，2018；气专委，2019）、《世界粮食和农业生物多样性状况报告》（粮农组织，2019），以及最近关于气候变化问题的其他重点出版物都提到了这一点。在 2015 年《联合国气候变化框架公约》（《气候公约》）第 21 届缔约方会议上，《巴黎协定》明确了"保障粮食安全和消除饥饿的根本优先事项，以及粮食生产系统在气候变化不利影响下的特殊脆弱性"。两年后，作为回应，在波恩举行的第 23 届缔约方会议上，国际社会通过了开展科罗尼维亚农业联合工作的决议。

科罗尼维亚农业联合工作有望建设强适应力、强缓冲力、强生态复原力的可持续农业系统和不同模式的多样化的粮食体系，这也是解决气候变化问题的根本所在。以上方法互相独立，不可取代，可以帮助各国实现气候目标，实现《2030 年可持续发展议程》。

气候变化是本书的切入点和重点。事实上，尽管生态农业和气候变化之间有着复杂的利益关系，但大众并不知晓也不认同。正因如此，阻碍生态农业的发展成为各国设立国家气候目标的有效途径（Côte 等，2019）。自 2014 年联合国粮食及农业组织（粮农组织）第一次生态农业国际研讨会以来，包括随后于 2018 年举行的区域会议和第二次生态农业国际研讨会，全球议程更加关注生态农业。

事实上，在农业委员会第 26 届会议和 2017 年粮农组织第 40 届会议上，粮农组织理事会强调了生态农业在农业系统向可持续粮食和农业系统转型中生态农业扮演的重要角色。理事会还呼吁加强规范和循证工作研究，促进生态农业证据与定性数据的收集。

启动全球倡议一[①]：扩大生态农业生产系统，以支持 2018 年可持续发展目标（粮农组织，2018）和世界粮食安全委员会高级别专家小组指数（2019）关于"生态农业和其他可持续农业和粮食体系创新方法，加强粮食安全和营养"的报告，这进一步说明了生态农业的多层次动力：从地到区到国，乃至国际。

生态农业在农业和粮食体系转型中发挥重要作用。事实上，许多国家都收获了生态农业领域的数据、结论、证据和经验。这些数据通常由农民、民间社会组织和研究机构观察获得，并受到响应生态农业的各地政府支持。在此类证据的基础上，衍生了大量报告，表明生态农业作为一种充满前景的系统性方法，可以通过释放农业与粮食体系中的适应力和缓冲潜力解决气候变化问题，最终形成复原力，并推动可持续发展（Baker 等，2019）。尽管生态农业常在社会讨论当中被提及，并且农业转变为可持续农业方面表现良好，但农民尚未广泛采用此做法。这有多重原因：比如缺乏有利的体制和政策环境、持续工业化和商业化进程的强大压力或缺乏研究和教育资金（Nicholls and Altieri，2018）。

早在农业部门将气候变化视为严重威胁之前，生态农业就已经存在，它不是专门为应对气候变化而设计的方法。因此，本书所考察的气候复原力标准模仿了自然、复杂的生态系统，是采用系统性方法和探究潜在本质所得出的结果。然而，仍然没有足够的、全面的、结构化的证据能够证明生态农业具有气候变化适应潜力这一说法。

此外，在构建生态农业方法应对气候变化时，我们仍需面对尚待解决的众多政治及政治经济挑战与限制，可用的信息寥寥无几。与粮食体系为重心的观点不同，例如，世界粮食安全委员会第 46 届会议（CFS 46）支持高级别专家小组报告（HLPE，2019），日益强调生态农业在粮食体系转型中的重要作用，但在气候变化讨论中，生态农业尚未得到同样的认可与曝光度。

就在最近，Sinclair 等人（2019）向全球适应委员会发布了一份关于"生态农业方法对实现气候适应型农业的贡献"的背景报告，其中包括利用生态农

---

① http://www.fao.org/3/I9049EN/i9049en.pdf.

业做法建立小农场复原力的建议，以及关于农业和粮食安全行动轨道的承诺，以便使 6 000 万小农（户）能够采用生态农业。

报告建议从高级别专家小组（2019）确定的 13 项生态农业原则中获得适应和缓解益处，以上原则分为四种维度：①田间规模；②农场（或生计）规模；③景观（或社区）规模；④粮食体系规模。

为应对气候变化挑战，只有粮食体系各参与者共同合作，才能推动农业和粮食体系转型。而这种合作是以参与者在技术及政策上的经验为基础而达成的。按照这个思路，关于"生态农业在建立可持续生计和有复原力的粮食体系潜力方面的研究"是为以下组织和机构而设计，其中包括：联合国粮食及农业组织、有机农业研究所、塞内加尔农业研究所和肯尼亚生物多样性国际等研究机构，这些机构与包括 Biovision 生态发展基金会、保护自然资源环境与发展行动协会在内的民间社会组织之间的多方利益相关者合作。

1.2　总目标与机制

本书响应粮农组织理事会号召，推进生态农业循证工作开展，旨在提供生态农业技术（生态、社会经济）与政策潜力相关证据，强调生态农业与气候变化的联系，以建立具有复原力的粮食体系。

本报告旨在提供证据，回答以下问题：

如何利用生态农业政策与做法提升气候变化适应、缓解与复原能力？

以协调各层面关系实现转型为理念，本书旨在汇集来自多方不同背景、不同观点的证据。我们考虑到地方负责行动与执行，国家负责制定治理框架与政策，全球层面负责国际议程的顺利召开，因此，本书采用多层次分析法（图 1-1）。

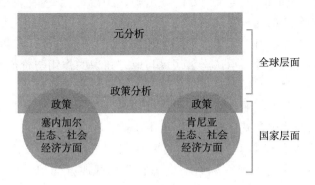

图 1-1　多层次分析法

注：图中为两个层面（全球和国家）的分析和四个组成部分：研究的元分析、全球层面政策潜力分析、国家层面政策潜力分析和国家/地方层面技术潜力分析。

（1）全球层面上，我们开展了：

技术潜力分析 分析同行审校文章，提供生态农业增强气候复原力的科学依据（元分析）。

政策潜力分析 评估生态农业作为农业气候适应/缓解办法的潜力。

（2）国家层面上，分析塞内加尔及肯尼亚两国案例，包括：

技术潜力分析 基于严谨的比较分析，回答生态农业系统是否比非生态农业系统更能适应气候变化，以便更好地理解生态农业的生态和社会经济潜力。

政策潜力分析 充分了解当前政治背景，考虑决策过程中生态农业的政策环境和阻碍。

研究结果将反馈至《联合国气候变化框架公约》和国家气候相关讨论。本书撰写时已选定提交的部分请见第二章 2.2 科罗尼维亚进程 2b、2c、2d。

1.3 定义及概念

1.3.1 生态农业框架：如何理解生态农业

生态农业的核心是地域性、环境特异性以及自下而上的理念，没有统一定义。的确，生态农业的定义数量近年来成倍增加。不同定义之间的细微差别因人而异，因机构、民间社会组织而异，但共同点是，他们无一例外地都强调了生态农业是一个动态概念（粮食安全和营养问题高级别专家组，2019）。尽管如此，所有人都达成了一个共识：即生态农业包含三个层面，它是一门跨学科科学，是一套实践方法，是一场社会运动，（Wezel 等，2009；Wezel 和 Silva，2017；生态农业欧洲，2017）。

政府间气候变化专门委员会建议将农林业等生态农业纳入可持续土地管理（SLM）制度（政府间气候变化专门委员会，2019）。生态农业是利用生态科学进行农业研究、设计与管理（Altieri，1995）的复合土地利用系统，其核心要素是维持物种多样性、农业生物多样性，改良生态过程，提供生态系统服务，加强地方社区建设，承认土著居民与地方知识的作用与价值。（政府间气候变化专门委员会，2019）。

粮食安全和营养问题高级别专家组报告将生态农业举措定义为发展可持续粮食体系，以保障粮食安全和营养，如下所述：

生态农业举措有助于利用自然过程，限制合成输入，避免负外部性闭环，解决社会不平等问题。同时，生态农业强调地方知识，传统科学方法，以及经验积累的知识与参与实践过程的重要性。农业粮食体系是从粮食生产到消费的耦合社会生态系统，涉及科学、实践、社会运动，以及它们的整合体，以解决粮食安全和营养问题（FSN）（粮食安全和营养问题高级别专家组，2019）。

因此，基于系统整合法，生态农业为更可持续的粮食体系提供了可行的转型途径（国际可持续粮食体系专家委员会，2016）。在其演变过程中，十年来，生态农业的规模从农田、农场、生态农业系统，扩大到整个粮食体系。

正如《2030年可持续发展议程》所料，生态农业举措将生态、社会层面、以人为本、知识密集与可持续性联系起来，旨在改变粮食体系和农业系统，从根本上解决问题，并提出整体和长期解决方案（粮农组织，2018a）。生态农业尤其有助于实现以下可持续发展目标：消除贫困（可持续发展目标1）、消除饥饿（可持续发展目标2）、良好健康与福祉（可持续发展目标3）、体面工作和经济增长（可持续发展目标8）、负责任的消费和生产（可持续发展目标12）、气候行动（可持续发展目标13）和陆地生物（可持续发展目标15）（CNS-FAO，2019）。此外，生态农业实践所依据的核心原则（即：多样性、自然资源的有效利用、养分循环、自然调节和协同作用）体现了其对气候变化固有的适应力和复原力潜力（Côte等，2019）。

不同行为者制定了几套生态农业原则，包括与环境、社会和经济三大可持续发展支柱相关的各个方面，以明确生态农业的固有特性，并确保达成共识。

生态农业十大要素源于粮农组织区域研讨会[①]，作为分析工具，提供生态农业系统与方法重要特性或原则的总体框架，以及有利于生态农业发展的关键因素，旨在帮助各国实施生态农业。主要包括：

涉及生态农业系统、基础性实践和创新方法共同特征的六大要素：多样性、协同作用、效率、适应力、循环利用、知识共创与共享。

涉及背景特征的两大要素：人和社会价值观、文化和饮食传统。涉及有利环境的两大要素：负责任治理、循环和互助经济（粮农组织，2018b）。

如图1-2所示，十大要素涵盖不同范围（生态农业系统和粮食体系）和向可持续粮食体系（SFSs）转型的不同层次（Gliesman，2014）。虽然第一阶段和第二阶段的转型是渐进的，但第三阶段到第五阶段的转型成效显著。

本书使用生态农业十大要素作为分析框架，通过粮食体系方法（包括粮食价值链）研究农业。

---

① 《生态农业十大要素》是各方共同努力的成果，源自生态农业领域具有开创性的科技文献，特别是：生态农业五项原则，Altieri（1995）；生态农业转型的五个层次，Gliessman（2014）。2015年至2017年粮农组织关于生态农业的多方区域会议期间，以研讨会形式进行了讨论，奠定了生态农业十大要素的科学基础，其中还纳入了民间社会生态农业价值观。随后，国际和粮农组织专家对其进行了几轮修订。

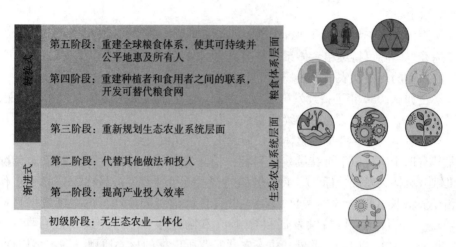

图 1-2　粮农组织生态农业的十大要素和 Gliesman（2014）
向可持续粮食体系转型的五个层次

资料来源：Biovision（n. d.）灵感来源于高级别专家小组（2019）。

1.3.2　气候复原力

气候变化将以各种方式影响农业和粮食安全，其影响将因区域而异，其中干旱地区受影响最大。以非洲的作物生产为例，气候变化将导致大多数种类的谷物减产，但区域间存在一些差异。非洲南部地区的玉米产量将下降 18%，而整个撒哈拉以南非洲地区的玉米产量将下降 22%（Lobell 等，2008）。

由于长期干旱和牧场退化，存在牲畜损失的风险，尤其在非洲北部和南部地区。地表温度升高和降水量减少将导致非洲北部和南部地区更加干旱（Masike 和 Urich，2009）。作物生产主要靠雨养并且畜牧系统通常没有遮蔽或防护设备，使生产系统十分敏感。加上季节内和季节间气候变化大，干旱和洪水发生频率高，使非洲农业最为脆弱（政府间气候变化专门委员会，2014a）。因此，有必要降低脆弱性，使农业系统适应气候变化，并增强其复原力。

脆弱性是指系统根据自身适应能力，可能受到冲击和压力（气候变化和气候变率）的负面影响的程度（政府间气候变化专门委员会，2012）。气候变化对系统的潜在影响取决于系统本身的暴露度和敏感度。反之，系统的暴露度由气候驱动因素和风险因素决定，并取决于气候变化和变率的特征、幅度和周期；而敏感度决定了特定气候变化暴露度对系统的影响程度（Fritzche 等，2014）。由此产生的影响（风险）将威胁系统及其脆弱性，因此，系统本身的适应能力至关重要（Alteri 等，2015）。适应能力包含两个方面：从冲击中恢复的能力和应对变化的能力。如果系统遭受冲击且无法恢复，则体现了其脆弱性较强；但如果它能够减轻风险，则表明该系统具备应对变化的能力，因此具有复原力（图 1-3）（Gitz 和 Meybeck，2012）。

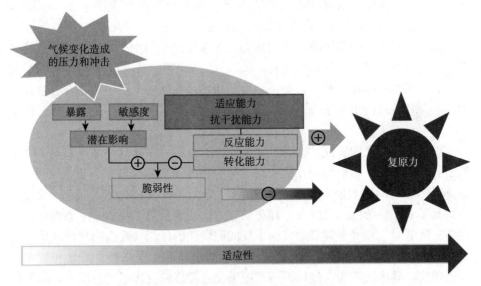

图 1-3　脆弱性、适应力和复原力框架

复原力框架描述了一个通用的适应过程和在适应过程中各要素如何互相作用实现复原［改编自粮农组织（2017 年），英国国际发展部灾害复原框架（2001 年）、TANGO 生计框架（2007 年）、英国国际发展部可持续生计框架（1999 年）以及 Fraser（2001 年）等］。建立更强的气候变化复原力和生计适应能力需要提高适应力并降低生态农业系统和生计的脆弱性。复原力的这些组成部分同时也能产生缓和冲击的协同效益。

相反，复原力是指系统吸收冲击、在冲击期间保持其功能或恢复到冲击前功能状态的能力（政府间气候变化专门委员会，2012）。Gitz 和 Meybeck（2012）认为，复原力的概念并不限于吸收冲击或复原能力，而是强调了适应和学习应对变化及不确定性的一贯能力。为了实现这一目标，包括农业在内的系统将需要一定的能力，例如：吸收能力，即应对和吸收冲击及压力影响的能力；适应能力，即系统（包括其组成部分）在按其目标运行时调整和适应冲击及压力的能力；以及转型能力，即为了承担新的职能而进行彻底变革的能力。

从这个角度来看，复原力可以理解为直接形成应对气候变化的适应性，因为系统的适应性越强，其复原力就越强，反之亦然。适应性是指系统的过程、活动和结构本身对气候变化的适应，旨在减轻气候变化的潜在风险（政府间气候变化专门委员会，2014a）。在农业系统内，适应性意味着调整生物物理（生态）和社会经济（包括制度）进程，以应对和/或准备应对预期气候变化和气候变率的影响（粮农组织，2017）。

根据 Altieri 等人（2015）的研究，可以通过提高应对能力（适应能力的一个组成部分）降低农业系统的脆弱性，这是农场生态农业的特征之一，也可以采取能够减轻风险的适应性策略。恰当的适应性措施因环境而异。例如，对于非洲资源有限的农民来说，综合农业系统可能对适应性至关重要（Gil等，2017），包括多样化系统、混合系统、农林复合系统，这些系统整体称为生态农业系统。在大多数情况下，人们认为这些系统比专门生产单一产品的系统更具适应力。在肯尼亚，Ndiso等人（2017）发现豇豆-玉米间作比玉米单作的土壤含水量高；而在墨西哥，与单一作物相比，在咖啡生产中使用农林复合技术能够保持较高的土壤水分（Lin，2007）。这两个案例表明，使用这些综合系统可以提高产量。

而且，人们在中美洲"米奇"飓风发生后进行的一项研究发现采用多样化经营农场的农民比附近的专业化农场遭受的物理损失和经济损失更低（Holt-Gimenes，2002）。政府间气候变化专门委员会《气候变化与土地特别报告》中提及了农作系统内综合性和多样化的农业活动的价值，特别是生态农业和多样性在降低对气候变率和极端气候事件的脆弱性的作用（政府间气候变化专门委员会，2019）。这份报告阐明了粮食体系的多样性是提高粮食产量和效率的关键因素，具体表现为在经历冲击和压力之后提高粮食体系的复原力，降低风险和保持粮食生产的稳定性。由于生态农业不仅增强了农业组成成分之间的多样性和协同关系，还能连结粮食体系的所有要素，Miles等（2017）认为以生态农业方法作为切入点，能增强对未来气候冲击的适应能力，同时为应对干旱和洪水等当前冲击提供缓冲。

复原力的评估

由于复原力性质抽象，需要从多方面考虑，难以计量其概念（Cumming等，2005）。一些方法能增强系统的复原力，因而优于其他方法。这些方法大多以粮食产量等变量为基础，在评估一个系统对于诸如干旱或洪水等灾害的处理反应时，也常使用这些方法。所以发生此类灾害时，这个系统可能比其他系统的处理效果更好。然而，由于生态农业系统不仅与生态有关，还与社会息息相关，以产量为基础评估其复原力是不够的，还需要一些反映生态农业系统的生态成分和社会经济成分的指标。这些指标表明了一个系统能实现的复原力水平（Cabell和Oelofse，2012），与这些指标有关的一般规则和规范也因此确立，它们同时也是人们采取行动努力增强复原力的指导（Carpenter等，2001）。

Cabell和Oelofse（2012）认为这些规则和规范可以按不同的指标划分。生态农业系统存在这些指标可能表明该系统具有复原力和适应能力。这些指标必须符合生态农业系统的特点，包括物理-化学（生态）和社会经济（社会和经济）方面。因此，评估复原力的目的应是了解脆弱性的驱动因素，以便确定一些能够提高生态农业系统气候复原力的干预办法。

　　在这项研究中，为了评估生态农业系统的复原力，我们采用了 Cabell 和 Oelofse（2012）提出的复原力指标。

　　此外，我们还使用了生态农业的十个要素（FAO，2018b）作为生态农业的定义框架，因为其更加强调生态农业系统的社会和生态性质的关联性。我们研究了这些不同的要素（或者更确切地说，其中所包含的规范）如何有助于增强生态农业系统的复原力。这些指标大致可归类为可持续性要素，即人力资本、自然资本、社会资本、金融资本和实物资本，这些是可持续生计的支柱。然后将拟议的复原力指标纳入 SHARP 工具（农民和牧民气候复原力自我评价和全面评估）。借助这一工具，我们评估了生态农业系统中哪些生计资本有助于增强其恢复力。图 1-4 说明了这项研究的总体概念。

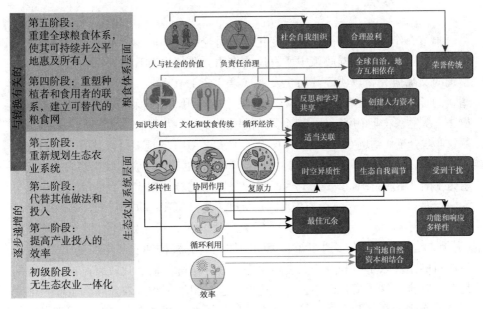

图 1-4　粮农组织生态农业的十大要素、Gliessman 粮食体系转型的五个层次
（受人类发展指数报告启发）与 13 个 SHARP 复原力指标间的联系

2 国际政策潜力

2.1 方法

本节介绍了农业在国际气候变化政策讨论中发展成为一个主题的过程，以及生态农业在当前气候政策中所发挥的作用。我们也对政策评论和报告进行了系统的文献研究，以明确其历史发展（第 2.2.1 节）。

为了解生态农业在国际气候变化政策中的作用，我们采用了混合法和定量分析法，从生态农业角度，对 136 个国家的国家自主贡献（第 2.2.2 节）和科罗尼维亚农业联合工作话题 2（a）、2（b）、2（c）和 2（d）的提案（以及官方研讨会报告）（第 2.3 节）进行了系统的独立分析，其概念框架以粮农组织生态农业十大要素为基础（粮农组织，2018b）。为了确定提案中的具体要点是否能够对应十大要素，我们应用了 Biovision 生态农业评估标准工具（ACT）的指标（Biovision）。

我们还对 15 次半结构访谈进行了定量分析，得出定量结果。访谈对象（附录 1）来自政府、多边组织、民间团体、研究机构和农民组织的重要岗位。访谈目的是深入了解利益相关者对生态农业在国际气候变化政策讨论中，特别是在《联合国气候变化框架公约》进程（包括科罗尼维亚农业联合工作）中发挥重要作用的意见和看法。第 2.3.5 节阐述了利益相关者对《联合国气候变化框架公约》进程当前动态和讨论关键点的总体看法，以及对科罗尼维亚农业联合工作的具体看法。之后在第 2.4 节就生态农业和其他可持续农业方法以及气候变化之间的联系提出愿景。

2.2 《联合国气候变化框架公约》（UNFCCC）谈判的生态农业背景

2.2.1 走向科罗尼维亚的漫漫长路

早在 1979 年，第一次世界气候大会明确了农业与气候变化之间的内在联系：人类农业活动影响气候，气候变化影响农业和粮食安全（世界气象组织，1979）。1990 年，随着第二次世界气候大会举办及政府间气候变化专门委员会①的成立，"政治家们坚定地将气候变化提上议程"（Gupta，2010）。

两年后，1992 年联合国大会在纽约通过了《联合国气候变化框架公约》，并在"里约地球高峰会议"期间开放签署。1994 年，该公约生效，最终目标是"将大气温室气体浓度维持在一个稳定的水平，防止人类活动对气候系统的危险干扰"（联合国，1992）。《公约》规定，必须完成这一目标，确保粮食生产免受威胁②。

在气候变化政策讨论的初期阶段，需要重点关注缓解措施（Gupta，2010）。农业的适应力和气候复原力几乎没有受到过关注，但政府间气候变化专门委员会应对策略指出，为农业部门拟议的缓解措施具有潜在协同效益（例如侵蚀控制、改善水管理）（政府间气候变化专门委员会，1990），包括一些与可持续农业和生态农业有关的措施，例如采用最小耕作或免耕技术、种植多年生覆盖作物、施用畜肥以减少氮肥使用、应用林牧复合系统。

1997 年，《京都议定书》（联合国，1998）通过并于 2005 年正式生效，是《联合国气候变化框架公约》的补充条款，不含任何新的长期目标或原则。条约明确提到可持续农业是缓解气候变化的方法，但没有进一步说明（Gupta，2010）。清洁发展机制（CDM）是《京都议定书》引入的灵活履约机制之一，允许缔约方使用气候缓解基金支付生态系统服务费用，实现高效减排。虽然改善土壤管理可以增加固碳潜力，并且一些人也认为，这种抵消支付方式能够为发展中国家农民提供可观的附加收入，但土壤固碳最终退出了国际碳补偿市场。部分原因是：

土壤碳汇补偿方法将气候缓解负担强加给低收入发展中国家的农民，他们很难从此类市场中获取利益，并且可能面临失去土地使用权的风险（Lipper 和 Zilberman，2017）。

2010 年至 2019 年，适应和缓解气候变化之间长期存在的分歧结束，讨论范围从农业扩大到更全面的粮食体系方法，并引起了"农业适应气候讨论"③。这在很大程度上是由于《2030 年可持续发展议程》④ 和《巴黎气候变化协

---

① 由联合国环境规划署（UNEP）和世界气象组织（WMO）于 1998 年设立，同年获得联合国大会批准。

② 根据《联合国气候变化框架公约》第 2 条规定：https://unfccc.int/resource/docs/convkp/conveng.pdf.

③ 本报告利益相关者访谈（见附录 1）。

④ 2015 年 9 月，在纽约联合国可持续发展峰会上通过。

定》①的系统观点，政府间气候变化专门委员会在报告中逐渐提及粮食体系，一些研究项目②提出了"双赢"解决方案，强调适应和缓解之间的协同作用。

自 2006 年以来，《联合国气候变化框架公约》附属科学技术咨询机构（SBSTA）多次举办农业相关问题研讨会。2011 年，附属科技咨询机构正式将农业纳入议程项目。2013 年至 2016 年，科技咨询机构举办了五次农业相关问题研讨会。最后，2017 年第二十三届缔约方大会正式要求《联合国气候变化框架公约》的两个常设附属机构——附属科技咨询机构和附属履行机构共同解决农业相关问题③。这一合作进程，即科罗尼维亚农业联合工作，旨在与《公约》的组成机构合作，举办研讨会和专家会议，探讨农业对气候变化的脆弱性以及解决粮食安全问题的方法。设立科罗尼维亚农业联合工作被誉为一项突破，是"农业议程项目历史上的第一项实质性成果和缔约方大会决策"，并首次重点讨论"在农业部门制定并实施适应和缓解气候变化的新策略"（St Louis等，2018）。科罗尼维亚农业联合工作是长期协商的成果，履行机构和科技咨询机构的合作实现了理论与实践相结合。

2.2.2　生态农业国家自主贡献率分析

国家自主贡献是《巴黎协定》的核心制度，要求缔约方概述并传达各自缓解和适应气候变化的行动目标。Strohmaier 等人（2016）曾对国家自主贡献进行分析，结果显示农业部门贡献显著。许多国家强调农业、林业、渔业和水产养殖在经济发展中的作用，也有许多国家指出这些部门应对气候变化的脆弱性。农业部门能够提供相当大的适应和缓解效益，国家自主贡献也意识到适应和缓解的协同作用。本书介绍的系统分析旨在确定各国将生态农业及相关方法纳入国家自主贡献的程度。

据分析，在 136 个国家自主贡献中，17 个国家④（12.5%）明确提到生态农业。其中，13 个来自撒哈拉以南非洲，2 个来自拉丁美洲和加勒比地区，1 个来自近东和北非地区，1 个来自亚太地区。结果显示，各国重点强调生态农业有助于适应气候变化，17 个国家中有 15 个将生态农业视为适应性策略，只有 6 个国家认为其有助于缓解气候变化，具体指其中的农林复合系统。

---

① 2015 年 12 月，在第 21 届缔约方大会上通过。

② 例如，全球农业温室气体研究联盟（2009 年 12 月启动）、气候智能型农业讨论、"千分之四"土壤安全与气候倡议、碳封存倡议（2015 年 12 月由法国在第 21 届缔约方大会上启动）。

③ 通过关于克罗尼维亚农业联合工作的第 4/CP.23 号决定。

④ 布隆迪、科摩罗、埃塞俄比亚、卢旺达、塞舌尔、突尼斯、冈比亚、多哥、科特迪瓦、尼日利亚、中非共和国、乍得、刚果民主共和国、洪都拉斯、委内瑞拉、阿富汗。

非洲国家主要在土壤、土地和水管理方面提到生态农业。例如，布隆迪共和国（2015）旨在研究土壤肥力管理和土壤保持的生态农业方法。卢旺达共和国（2015）着力于利用生态农业进行养分循环和节约用水，最大限度地实现可持续粮食生产。科特迪瓦共和国（2015）计划利用生态农业重新造林，恢复退化土地。

除了 17 个国家明确提到生态农业外，许多国家还提到了生态农业的几大要素。其中，与生产有关的要素（多样性、效率、循环利用、复原力和协同作用）受到明显重视；而涉及生态农业社会经济和政治层面的要素（循环和互助经济、知识共创与共享、文化和饮食传统、人文和社会价值观以及负责任治理）在很大程度上未受关注（图 2-1）。

据分析，在 136 个国家自主贡献中，仅有 4 个国家提到知识共创，5 个国家提到文化和饮食传统，2 个国家提到人文和社会价值观。提到有关社会经济和政治要素的国家主要来自拉丁美洲和加勒比地区。例如，委内瑞拉共和国（2015）旨在将生态农业纳入从学前教育到高等教育的主流课程。洪都拉斯共和国（2015）计划推进建立区域研究中心和国家推广方案，并开发基于生态农业的可持续系统。危地马拉和玻利维亚等拉丁美洲国家也开始重视世代相传的本土知识并恢复其发展。

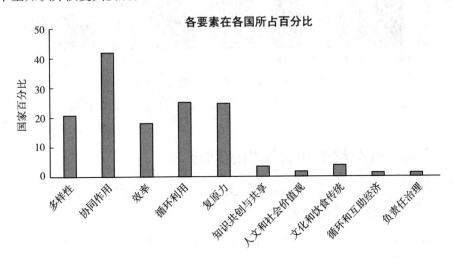

图 2-1　国家自主贡献中提及生态农业要素的频率

各国重视生态农业的不同要素，以此作为国家自主贡献中有助于适应和缓解气候变化的行动方案。大多数国家认为生态农业是一种适应性策略，而利用农林复合系统产生协同作用以及减少肥料使用提高效率，是缓解气候变化的主要途径。

各国国家自主贡献中体现的生态农业要素的程度因区域而异（图 2-2）。撒哈拉以南非洲国家和拉丁美洲国家频繁提到协同作用。同样的，也强调复原力。而在亚太地区的国家自主贡献中，效率和循环利用更为突出。在近东和北非地区的国家自主贡献中，生态农业要素没有发挥任何作用。

协同作用是提及频率最高的生态农业要素。在协同作用下，大多数国家提及农林复合、林牧复合和农牧复合系统。在多样性方面，大多数国家旨在采用不同的作物和牲畜品种，主要为传统作物和牲畜，因为其抗压力强并能适应当地条件。为提高效率，大多数国家计划使用有机肥料，促进病虫害综合治理以减少工业（合成）肥料的使用。循环利用主要涉及堆肥和作物残渣再利用，用于土壤覆盖和土壤有机质改良。近东和北非地区所有提及循环利用的国家都提到了农业废水再利用。

多样化视角下的复原力。例如，农业活动多样化有助于提高农民的复原力。此外，许多国家还设想利用农业保险以及小额信贷融资来提高生产者的复原力。

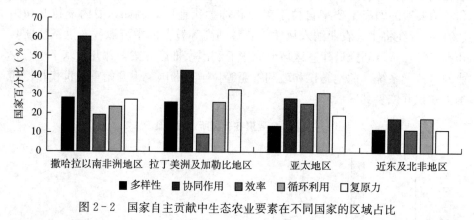

图 2-2　国家自主贡献中生态农业要素在不同国家的区域占比

2.3　科罗尼维亚会谈当前动态

2.3.1　科罗尼维亚农业联合工作（KJWA）进程及缔约方与观察员初步意见

2017 年，波恩第 23 届缔约方大会上，国际社会通过了一项名为科罗尼维亚农业联合工作（KJWA）的三年农业建设工作进程。该决策确定了农业在应对气候变化方面的关键作用，并呼吁《联合国气候变化框架公约》附属机构（附属科学技术咨询机构和附属履行机构）就具体内容开展联合工作，包括举办研讨会和专家会议，提交提案并加以阐述。会议内容包括六个专题：

a）五次农业相关问题会议研讨成果的实施方法，以及由此衍生的其他专题研讨；

　　b）适应力、适应力协同效益与复原力提升方法及途径评估；

　　c）草地及耕地土壤碳、土壤健康与土壤肥力，以及水资源管理等综合系统的改进；

　　d）改善养分与肥料使用，以实现可持续适应力农业系统；

　　e）牲畜管理系统的改进；

　　f）农业部门气候变化背景下的社会经济与粮食安全问题。

　　图 2-3 为科罗尼维亚农业联合工作（KJWA）路线图，该路线图规划了 2018 年 12 月至 2020 年 11 月间关于六个专题的会期研讨会。

图 2-3　科罗尼维亚农业联合工作各阶段发展路线

Chiriacò 等，2019a.

　　2018 年 5 月路线图获得通过前，缔约方与观察员应邀提交意见。粮农组织对 21 个缔约方和 27 名观察员提交的初步意见进行了详细分析（Chiriacò 等，2019）。在此，我们首先从生态农业角度简要概述粮农组织的分析，然后汇报 2019 年科罗尼维亚农业联合工作（KJWA）不同专题的最新提案。

　　许多初期提案侧重于科罗尼维亚农业联合工作（KJWA）进程的模式、评估、监测及评价相关的问题。重要的是，大量提案指出，科罗尼维亚农业联合工作（KJWA）是分享知识、经验及最佳方案的大好机会。因此，部分提案仅展示具体案例，其他的则侧重于各自专题的需求及优先事项。

　　值得注意的是，工业化国家与西非国家贝宁的提案大多包括案例展示及最佳方案，这些"最佳方案"通常强调传统农业、生物技术以及数字化解决方案，但也包括一些生态农业实践（如覆盖作物、免耕、排水回用、轮牧）。此外，发展中国家（包括非盟谈判小组、最不发达国家小组以及贝宁、布隆迪、肯尼亚和马拉维等非洲国家）的提案通常包括各自专题的优先事项及需求清单。多数情况下，清单参考了与生态农业相关的实践或原则。例如：妇女与青年能力建设、少耕技术、作物覆盖、作物轮作、草地管理（侧重生态方面）、土地产权的包容性、农林牧复合系统、土壤肥力综合管理、作物残体优化管理、有机肥料与有机农业、重新造林、退化土地恢复以及动物粪便资源化利用。最后，必须指出的是，只有最不发达国家的提案强调了整合传统知识的必要性。

《联合国气候变化框架公约》缔约方与观察员应邀在每次研讨会前就科罗尼维亚农业联合工作（KJWA）路线图中的六个专题提交意见。

以下章节从生态农业角度对专题 2（a）、2（b）、2（c）和 2（d）的提案（以及正式的研讨会报告）进行单独或系统的汇报。

2.3.2 话题 2（a）：五个与会小组就农业相关问题讨论未来实施形式以及可能衍生的问题

正如研讨会标题所示，多数提案与讨论集中在模式和进程上，强调分享知识与经验，以及支持成果的实施（Chiriacò 等，2019a；《联合国气候变化框架公约》，2019a）。具体的做法和技术却很少受到关注，特别是观察员的提案明确要求采取系统性与变革性办法，以及加强包容性、公平性和参与性。

仅有气候行动网络（CAN）的提案明确提及了生态农业。气候行动网络在三次场合中提到了生态农业："科罗尼维亚农业联合工作的发言和讨论应考虑并指导整体行动，包括逐步向生态农业过渡，以确保农业系统在其所依赖的自然界的长期生存能力"（国际气候行动网络，2018）。此外，有几份提案提到可持续农业与适应性措施为可持续发展创造共同利益的必要性。53%（9/17）的缔约方意见书和 54%（7/13）的观察员意见书提到了生态农业各个要素（图 2-4）。其中越南的提案最为具体，它指出，本国通过采用作物-畜牧-水产养殖复合系统，收效显著，并将其称作气候智能型农业（CSA）。

2.3.3 话题 2（b）：评估适应力、适应力协同效益及复原力的方法；话题 2（c）：草地、耕地或经水治理后改善的土壤碳、土壤健康、土壤肥力

由于 2（b）、2（c）两个专题均在同一届会议上讨论过（SB50），且仅要求做一项提议，而且其他提议均未将这两者区分开来，所以在此也合并讨论。在提交给 SB50 的许多提案中，生态农业类要素占比突出（图 2-5；另见Chiriacò 等，2019b）。仅针对专题 2（b）的提案往往包括生态农业的社会政治方面（例如，知识共创和共享、人文和社会价值观以及负责任治理）。

而针对 2（c）的提案则把重点放在与效率、多样性、循环利用、复原力

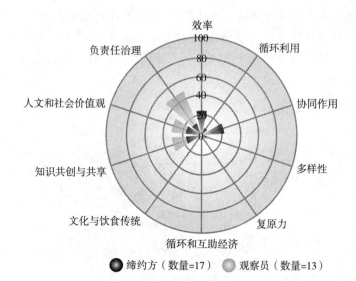

图 2-4 第四十九届研讨会上，就专题 2（a）向科罗尼维亚农业
联合工作提交的材料中，提及各项生态农业要素的缔约
方（17 个）和观察员（13 名）占比

和协同作用相对应的生态农业要素上，强调生态农业所发挥的复原力、缓解力的共同效益潜力。文化和饮食传统以及循环和互助经济，这两个要素在缔约方和观察员提交的报告中甚少出现，只有一位观察员在提案中提及。

虽然在缔约方提交的材料中很少具体提到生态农业，但有些报告中提到了各种生态农业做法（例如巴西、印度尼西亚、肯尼亚、乌拉圭和越南）。然而，通常来说，这些做法被称为单一方法（特别是农林业、覆盖作物、作物轮作、有机肥料和减少耕作），而不是作为生产系统系统性转变的一部分。在缔约方提交的 17 份材料中，有 2 份材料（来自肯尼亚和欧盟）明确提到了"生态农业"。虽然肯尼亚将其描述为气候智能型农业措施，但欧盟将生态农业称为一种转型方法，同时也是"可持续土地/土壤管理做法"的一个分支（欧盟，2019）。

针对主题 2（b）和 2（c），22％观察员的提案（5/23）明确提到生态农业，（Biovision& 有机农业研究院、气候行动网络、女性气候正义行动、德国国际合作机构、青年气候行动组织）。

这五份提案认为，生态农业发挥着相当核心的作用，且得到了决定性的支持。此外，几乎所有其他观察员提交的材料（世界可持续发展商业理事会除外）都至少包括一个生态农业要素，但没有确切提及这四个字。《联合国气候变化框架公约》秘书处起草的讲习班报告也表明，人们对生态农业和其他变革性方法愈加感兴趣。针对专题 2（b）的报告指出，"人们普遍认为，适应气候变化的关键是要进行变革并转变以往模式"，并两次特别提到了生态农业（《联合国气候变化框架公约》，2019b）。针对专题 2（c）的报告甚至明确提到生态农业，其中"讨论摘要和前进道路"一节被提到三次（《联合国气候变化框架公约》，2019c）。

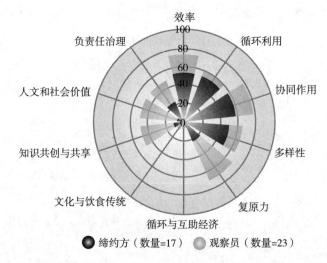

图 2-5　第五十届研讨会上，就专题 2（b）和 2（c）向科罗尼维亚农业联合工作提交的材料中，提及各项生态农业要素的缔约方（17 个）和观察员（23 名）占比

2.3.4　话题 2（d）：改善养分利用和粪便管理，建立可持续适应型农业体系

截至 2019 年 11 月 15 日，6 名缔约方和 10 名观察员提交了对主题 2（d）的看法。若干意见书指出，主题 2（d）与主题 2（c）有明显重叠。然而，与讨论土壤健康不同的是，大多数关于主题 2（d）的陈述重点仅限于生态农业效率（提高肥料使用效率，特别是通过精密耕作）和回收利用（用有机肥料取代合成肥料，特别是利用粪便）。此外，三名缔约方和三名观察员将养分管理视作作物—牲畜综合系统的切入点，并利用由此产生的协同效应。就此，欧盟特别提到生态农业。除此之外，大多数缔约方提交的材料很少提及养分管理的系统性方法。

在巴西和欧盟，情况有所不同：二者均突出了覆盖作物、作物轮作、绿肥、杂交、有机废料回收和减少耕作的多重好处，可以增强农业复原力，实现可持续性农业。

另外，一些缔约方主张：加强整合科罗尼维亚农业联合工作各议题的讨论，并加强与《联合国气候变化框架公约》其他讨论的内外协同作用。此外，一些意见书强调，需要推动众多利益相关者参与讨论进程，特别是科学家和农民的参与。尽管如此，各方重点还是放在生态农业的技术组成部分上，而社会经济方面大多被忽视（图2-6）。针对此方面讨论，欧盟又一次与众不同：提出循环经济。所有观察员提交的材料都指出了土壤养分管理与生态农业元素多样性和协同作用（特别是作物轮作、间作和功能生物多样性）三者之间的联系。

值得注意的是，粮农组织和农民选区等参与者强调"采取一个全面的方法，以合理利用养分并管理粪便"。同时，粮农组织特别推崇生态农业，并"向寻求气候变化之下改革农业的国家提供支持"（粮农组织，2019b）。

此外，尽管各组织对20个术语的定义有相当大的差异，但生态农业仍然得到了气候行动网络、国际有机农业运动联盟、Biovision、有机农业研究院、Brighter Green以及国际作物生命协会的特别认可。虽然此前的非政府组织强调生态农业具有整体性和变革性，但国际作物生命协会将这一概念简化为技术要素，并主张生态农业与生物技术的兼容性。

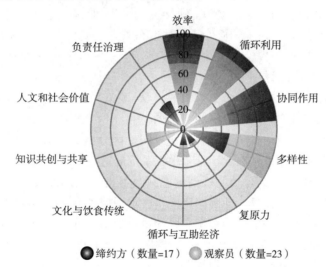

图2-6 第五十一届研讨会上，就专题2（d）向科罗尼维亚农业联合工作提交的材料中，提及各项生态农业要素的缔约方（6个）和观察员（10名）占比

2.3.5 科罗尼维亚农业联合工作（KJWA）等主要利益相关者就《联合国气候变化框架公约》进程中关于农业和气候变化关系的当前讨论

为了解参与《联合国气候变化框架公约》进程的众多利益相关者的意见，特别是科罗尼维亚农业联合工作的意见，针对生态农业在《联合国气候变化框

架公约》中扮演的角色，我们采访了不同专家，分享各方意见与期望。所有受访伙伴都认为，农业与气候变化关系的讨论延期过久，即使现在，《联合国气候变化框架公约》也尚未讨论推广哪种农业模式。

因此，我们不强调传统农业、生态农业或其他变革性方法。目前的辩论似乎仅关乎总体的执行方式（而未具体谈及"由谁执行"以及"如何执行"：责任和筹资），而且通常没有充分深入、详细地讨论技术等具体方法。一些受访者认为，"《联合国气候变化框架公约》的讨论往往仍然含糊不清，不精确"。然而，许多受访者认为，采取变革性做法对双方和观察家都变得越来越重要，至少在措辞上是这样，尽管实际上仍维持原有模式。

因此，大多数缔约方似乎仍致力于逐步改变传统农业制度。对此，受访者经常这样解释：各国努力保护自身利益，以求在全球市场上拥有竞争优势。受访者普遍认为，有些观察家对推广生态农业等变革性方法的要求太高。

一些受访者强调，尽管生态农业仍是一个有争议的话题，但"显然发展势头正旺"。正如粮农组织的一位代表所说：生态农业是一个难以推进的议程，以农业产业体系为主导的大国大多反对生态农业。此外，一位谈判代表反映说："虽然生态农业被提及的次数越来越多，但技术细节等并没有得到足够的重视，而且大多缺乏详细解释"。几位受访者普遍认为，他们在科罗尼维亚农业联合工作研讨会上缺少一个更有力的科学-政策平台，谈判者能力不足，意识不够，无法应对不同的讨论主题。

最后，不同的受访者认为生态农业未明确区分概念和方法（如生态农业、气候智能型农业、保护性农业、基于生态系统的适应、基于自然的解决方案和可持续土地管理），对此，他们感到困惑甚至沮丧。一些人认为这是联合国机构（如粮农组织）的任务，即阐明定义、展示证据和不同的选择，并提供框架供各国实践。另外，一位受访者从农民的角度指出，"这不是非黑即白的问题，而是选择的多样性""辩论的核心应该集中在一个因素上，即这些概念都应存在共同点：盈利性和改善农民福祉"。

2.4　展望：《联合国气候变化框架公约》支持下的生态农业发展潜力

"科罗尼维亚在气候变化辩论中令农业重焕生机"，受访者普遍认为，作为唯一一个只关注农业的活跃议程点，"辩论过程本身十分具有价值和重要性"。然而，一些人对"辩论未产生任何具体决定或行动"感到遗憾。一位受访者强调，科罗尼维亚进程目前尚未把握住农业系统的改革，因为它只局限于粮食安全，没有囊括整个粮食体系。开展第 25 次缔约方会议使人们充满希望，因为它是

"《联合国气候变化框架公约》进程中农业发展的一个重要转折点",是"证明科罗尼维亚农业联合工作有用的测试阶段",并使其成为"改革的触发点"。

在科罗尼维亚农业联合工作中,生态农业是否有机会得到推广,人们持有不同看法。一些人,特别是谈判者和研究人员,认为这是"非常有可能的"。他们强调,在研讨会期间和南北半球的提案中,有许多关于生态农业的干预措施(例如与土壤有关的问题,如第2.3.3节所示),以及将生态农业纳入政府间气候变化专门委员会《气候变化和土地特别报告》。一些受访者坚信,即使可能没有用"生态农业"字眼来宣传,生态农业实践和原则也将在所有结论和结果中发挥重要作用。

然而,大多数人表达了更多的疑虑,认为出于不同的原因,生态农业"不大可能"在科罗尼维亚农业联合工作中得到推广。一位谈判者强调,"人们仍认为生态农业过于理想化和教条化,大多数行为者不得不权衡不同利益集团的意见和要求"。一位研究人员提到,他期待的不是"与生态农业有关的技术和方法的详细介绍,而是采用这种模式和过程实施后的结果",一位非政府组织代表提到,"生态农业作为一种解决方案或系统在辩论中并不十分引人注目"。国际气候变化政策辩论中加强生态农业整合的主要障碍,见框架1。

⊙ 框架1:气候变化讨论中提及的阻碍生态农业推广的关键问题

• 其措辞往往非常具有政治性。

• 对生态农业缺乏共识,统一概念不明晰,敏感度、可见度较差,沟通较少,一些关键的利益相关者尤为如此(即目前气候辩论中缺少关键投资者和捐助者)。

• 对生态农业的科学证据普遍存在疑虑,突出了在同期活动中讨论技术细节的重要性。

• 由于一些有影响力的利益相关者的强烈抵制,难以在气候辩论中为生态农业找到合适的发言人。

• 现在仍有很多人不愿考虑粮食体系的全球性。

• 在关于气候变化和农业的辩论中忽略了国际贸易(只讨论"非市场方法")以及存在教条主义,人们从不质疑当前国际贸易在其中发挥的作用。

• 对多种不同概念(生态农业、气候智能型农业、保护性农业、基于生态系统的适应、基于自然的解决方案等)之间的界限缺乏共识。

• 气候变化辩论的重点是农场层级的碳排放和甲烷排放,而生态农业的一个关键切入点是地域范围内的土地使用。

　　然而，需要注意的是，许多来自不同背景的受访者坚持认为"生态农业拥护者非常有必要参与这场辩论"。许多人强调"在这场辩论中，任何将生态农业纳入议程的努力都不容小觑"。另外，一些人提到，将生态农业作为讨论议题，会促进各国推广本国经验与做法，从而影响成员国的农业发展活动。各国成功的例子便是最有说服力的论据。

　　所有受访者都认为《联合国气候变化框架公约》（包括科罗尼维亚农业联合工作）是推动更具可持续性的粮食体系的正确途径之一，包括推广生态农业，但不是唯一的途经。关键是要抓住气候变化发展势头的机会，就农业模式的改革展开讨论，以提高环境绩效、恢复农业系统的复杂性。但是，"仅考虑气候是不够的，也不会有真正的改革"。关键还在于关注其他相关问题。因此，我们也要关注其他领域和论坛，如生物多样性和粮食安全。这强调区分不同主题，以及在不同的现有公约和论坛〔如《联合国气候框架公约》、世界粮食安全委员会、生物多样性公约（CBD）、生物多样性和生态系统服务政府间科学政策平台（IPBES）〕之间建立桥梁的必要性。

　　目前，人们对于推广生态农业满怀希望。这一充满希望的转折点部分是由政府间气候变化专门委员会《气候变化与土地特别报告》促成的。该报告主张改革粮食体系，明晰融合不同选择，强调共同利益，并特别关注有关土壤和森林的解决方案，生态农业整合了这些解决方案并解决了许多现有挑战。该报告推动了生态农业实践，并展示了它如何有助于提高农民的适应能力。许多受访者强调，这份报告在气候变化辩论中推广生态农业十分具有建设性，因为政府间气候变化专门委员会报告十分具有建设性，能在气候变化讨论中帮助推广生态农业。受访者认为其他要素的组合显示了推广生态农业的前景。例如，人们认为，实现生态农业改革的关键是要加速提供科学证据并动员公民社会。此外，有人指出，"里约三公约"（《生物多样性公约》《联合国防治荒漠化公约》（UNCCD）和《联合国气候变化框架公约》）日益趋同，为系统综合法创造了动力。最后，正如政府间气候变化专门委员会《气候变化与土地报告》（IPCC，2019）、《联合国防治荒漠化公约》科技与政策协调委员会关于可持续土地管理的碳效益报告（Chotte 等，2019）以及生物多样性和生态系统服务政府间科学政策平台（IPBES）《全球评估报告》（IPBES，2019）所强调的那样，人们越来越重视基于自然的解决方案。

2.5　结论：生态农业纳入国际气候变化政策的潜力

　　直到最近，农业和气候变化之间的联系才开始在国际政策层面上得到适当阐述。最后，缓解和适应气候变化的二分法似乎已基本被攻克。科罗尼维亚农业联合工作的成立是一次突破，因为它空前重视气候变化与农业的关系，以及农业对缓解和适应气候变化做出贡献的潜力。

详细分析自主贡献行动目标包含的 136 个国家和前四次科罗尼维亚农业联合工作研讨会的所有提案后发现，相当多的国家和来自不同背景的利益相关者认为，生态农业和相关方法是实现适应和缓解目标的充满前景的方法，同时也能提高粮食体系的复原力。生态农业的个别要素，特别是在土壤健康和自然资源循环方面，具有广阔前景。生态农业的系统性，特别是其社会经济和政治因素受到的关注要少得多。观察员向《联合国气候变化框架公约》提交的提案，特别是一些民间组织的提案，要求更高，并呼吁对粮食体系进行根本性改革。《联合国气候变化框架公约》秘书处也认可这一改革，并指出"人们普遍认为，成功地适应气候变化需要改革和范式转变"，欧盟也提到生态农业是一种改革方法，也是"可持续土地/土壤管理实践"的例子。政府间气候变化专门委员会、《联合国防治荒漠化公约》科技与政策协调委员会和生态系统服务政府间科学政策平台最近的报告也表明，"里约三公约"越来越趋于一致，并显示了对改革方法和基于自然的解决方案的共同关注。

基于以上发现，许多来自不同机构的高层访谈伙伴强调生态农业发展势头正盛，这并不令人惊讶。然而，鉴于《联合国气候变化框架公约》决策所处的政治经济环境复杂，加之生态农业的性质仍有争议，鲜少有人认为生态农业将在科罗尼维亚农业联合工作的正式成果中得到特别推广。许多人认为，生态农业的个别要素或做法很可能在一个不同的总括术语下得到推广，如基于生态系统的适应、气候智能型农业或基于自然的解决方案。关键是要防范生态农业的正式成果剥离社会、经济和政治价值的风险，从而剥离其核心的整体性、系统性和变革性，这对其建立气候变化复原力的潜力至关重要。

3 元分析： 生态农业适应气候变化及提高复原力的潜力

3.1 引言

多方声称生态农业是适应、缓解气候变化的一种策略，本章我们将研究生态农业作为气候变化适应和主张共同利益战略的可靠性。如前几章所述，人们逐渐将生态农业视为应对气候变化的良方。然而，此主张的知识基础通常不太明晰，主导舆论走向的往往是意识形态与价值观，而不是科学论点。尽管大量案例和总结报告均说明了生态农业在提高可持续性和适应气候变化方面的潜力（科特迪瓦等，2019；Sinclair 等，2019；国际农业科学和技术促进发展协会，2009），但其作为一种综合方法，总体证据基础仍缺乏对关键指标的系统科学的整合。这与有机农业有所不同：在有机农业中，最近有一些关于产量、财务绩效、土壤有机碳和其他环境方面的元分析（Gattinger 等，2012；Crowder 和 Reganold，2015；Seufert 和 Ramankutty，2017；桑德斯和赫斯，2019；Seufert，2019）。然而，在农业政策需注重证据和产出的呼声愈加强烈之际，基于现有大量生态农业知识所形成的科学证据，对此加以汇编和分析，本章旨在缩小该领域的知识差距，促使生态农业更好地适应气候变化。

3.2 研究方法

本书选取两类搜索结果，进行整合并予以佐证。第一，相当多的案例都研究并评估了生产系统适应气候变化的潜力，作者认为这些研究属生态农业范畴。于是，作者广泛搜索了英文、西班牙文、法文、葡萄牙文和意大利文的相关文献，并保留了以下几类：①经过同行审查的文献；②包含与某些基线系统相比的生态农业系统信息的文献；③文献中包含至少一项气候变化适应和复原力指标的定量研究证据。这些研究被称为"单一系统比较研究"。

第二，大量案例分析了与生态农业或其关键要素（但没有明确提及这一术语）密切相关的农业生产系统、做法和特征如何与气候变化适应力和复原力指标相关联。例如，比较有机生产系统与传统生产系统的产量稳定性；比较生态农业系统物种丰富度的不同水平与总生物量产量间的关系；比较有机肥料系统与矿物肥料系统对土壤肥力的影响；当极端事件发生时，比较耕作系统与注重土壤肥力系统的区别。第二类案例反复整合了不同主题的多元分析与综述。因此，搜索对象并不针对这些潜在的案例研究，而是直接从相应的元分析和综述中获取结果。在此基础上，此分析还包括案例研究的相关知识，这些案例研究虽未明确提及生态农业，但提及了生态农业十大要素中包含的一些关键组成部分（粮农组织，2018b）（关于术语的完整描述，见附录2.1）。

该分析采用了粮农组织使用的生态农业概念，按照包括农艺、环境、社会、经济和机构层面等十个要素构建（粮农组织，2018b）（见第1.3节和图1-2）。关于气候变化适应的绩效分析则参考了农牧民抵御气候变化能力自我评价和综合评估（SHARP）工具中应用的指标框架（Cabell和Oelofse，2012；粮农组织，2015）和生态农业多维评估全球分析框架提出的十项绩效指标（粮农组织，2019b）。

需着重强调的是，这种方法可能会出现两种偏差。首先，个案研究的综述不包括任何非独创/非本人声明的生态农业研究。然而，元分析和综述都涵盖了不涉及生态农业的研究。我们需要知道，最终这种限制案例研究选择的偏见不会导致所涵盖的知识库内出现偏差。其次，元分析和综述也可能涵盖一些单一生态农业案例研究。然而，与这些元分析和综述中涵盖的大量研究相比，后者的数量较少，这种潜在的重复计数不会导致任何偏差。详见附录2。

3.3 研究结果

如上所述，我们用各种语言对生态农业案例研究进行了广泛的文献搜索。最终有185例可供研究，数目可观。然而，这些生态农业研究中只有少数符合我们的限制性要求。我们再次强调，我们对所选择的研究有相当严格的限制并采用高标准，目的是提供一个坚实的知识基础，不会因为偏向生态农业而受到批评。此外，保留的研究涵盖了大量土壤差异性。因此，以统计元分析的形式对其进行任何形式的综合都不切实际。另外，我们发现了大量与生态农业密切相关的生产系统、实践和特征的元分析和综述。因此，以上是决定我们分析结果的主要因素，而不是生态农业案例研究。在下文中，我们首先介绍综述，然后介绍单一系统比较研究。

3.3.1 元分析与综述

我们确定了 34 项定量元分析和 19 个描述性综述。从元分析中，发现了一些明确的模式。

第一，生态农业生产系统的特征和关键措施，如使用有机肥料、提升作物多样性、低投入系统、有机耕作或农林业，都与土壤特性和生物多样性表现良好显著相关（如土壤有机碳含量、土壤生物多样性、土壤微生物含量和活性、线虫和蚯蚓丰富度以及物种丰富度），是适应气候变化的核心要素（粮农组织，2015；气专委，2019）（表 3-1）。

第二，大多数证据涉及有机农业、农林业的实施以及与增加作物多样性和有机肥使用有关的做法。而在有关气候变化适应力指标方面，缺乏一些生态农业在社会层面的实证。不过在 2015 年，Crowder 和 Reganold 发表的报告则不同，他们调查了有机农业的盈利能力，并通过总回报、收益/成本比和净现值来衡量。

第三，农业生产系统的特点和其主要生产模式，在减缓协同效益的作用方面，研究成果显著。这些结果一致表明：二者对土壤碳含量增加具有积极影响。

第四，与常规参考系统相比，低投入系统的产量往往较低。例如，有机农业就是这种情况，它是一个典型的生产系统，在许多农艺方面显示出与生态农业的密切相似性，并且由于其定义明确，可以获得更多的科学证据。有机农业的产量稳定性也低于传统农业的基准线，其原因可追溯到有机农业的氮肥水平低于传统农业。仅将研究与类似的施肥水平进行比较，产量稳定性不再有显著差异，而有机农产品产量仍然较低（Knapp 和 van der Heijden，2018）。另外，生态农业的某些关键特征，如多样性差异（如农业生物多样性；轮作、间作、草地等作物多样性；部分农林复合系统，即通常具有更高多样性的系统）随着时间的推移与产量增加和产量稳定性提升相关。这可能说明，就产量和产量稳定性而言，当前有机系统中增加的多样性不能完全补偿减少的氮供应，因此应进一步增加有机农业的多样性。这也表明，更加注重多样性的生态农业往往不同于有机农业。

我们需要对结果进一步细分，例如从气候带或土壤类型方面区分。采用不同种类的作物轮作、保留作物残茬和免耕相结合的耕作措施，可以显著提高干旱地区的产量（提高 7%～8%），而这种方法并不适用于其他地区（Pittelkow 等，2015）。尽管这项研究旨在保护农业，但研究内容并不总是与生态农业实践有关，而是取决于植物保护和杂草管理的实施方式。

19 项定性评估提供了一些元分析中充分涵盖的详细信息，如有机改良剂

表 3-1 (a) 元分析结果汇总，数值显示与基线相比的变化——第 1 部分（完整的汇总和参考资料见附录 2.2）

| | 气候变化适应力指标 | | | | | | | | | | | | |
| 生态农业实践 | 土壤健康 | | | | | | 生物多样性 | | 植物保护 | | | | |
	土壤有机碳（固存和含量）	土壤总氮	土壤流失	土壤肥力	土壤微生物组（活性生物和生物量）	土壤生物多样性（微生物多样性和线虫丰度）	物种丰富度/多样性	物种丰富度/多样度的稳定性	天然植物保护	生物防治水平	害虫丰度	杂草丰度	病原菌丰度
有机农业	✓						✓	✓		✓	✓	✗	✓
低投入系统		✓			✓	✓	✓						
农林复合经营（包括林牧复合经营）			✓	✓	✓		✓						
少耕	✓	✓		✓	✓	✓							
覆盖作物	✓	✓		✓									
有机肥料（包括残留物）	✓	✓	✓	✓		✓	✓						
作物轮作/间作		✓			✓	✓	✓		✓				
作物多样性/多样性	✓												
草地多样性													
提高生物多样性、改善杂地貌的实践									✓				

✓显著好转　✓略有好转　✓显著好转　✓略有好转　✗严重恶化　✗略有恶化　○无变化　灰色:时间稳定性/变率指标

27

表 3 - 1（b） 元分析结果汇总，数值显示和对照组相比的变化——第 2 部分

气候变化适应力指标

生态农业实践	生产力								就业		健康
	总生物量产量	总产量稳定性	产量	产量稳定性	授粉服务	资源利用效率	生态系统服务稳定性	收益性	成本和利润的稳定性	农村就业	接触农药
有机农业	√		X	X		○			○	√	√
低投入系统			X							√	
农林复合经营（包括林牧复合经营）											
少耕	X		√	√							
覆盖作物		√	√								
有机肥料（包括残留物）	X		√								
作物轮作/同作			√						√		
草地多样性			√		√	√		√	√		
提高生物多样性、改善地貌的实践			√		√	√	√				

√显著好转　√略有好转　X严重恶化　X略有恶化　○无变化　■灰色：时间稳定性/变率指标

与土壤肥力的关系、多样性与产量的关系；以及元分析中未充分涵盖的层面，如生态农业实践对金融资本各项指标的影响（D'Annolfo 等，2017）和其他经济方面（Van der Ploeg 等，2019）；此外，还提供了一些元分析中完全未涵盖的层面，如水资源利用；以及单一作物的最新信息，如水稻强化栽培体系（SRI）。结果普遍表明，生态农业及其相关实践和专有措施都取得了良好成果。然而，这些评估结果是基于对大量轶事证据的非正式评估，而不是基于元分析或系统稳定性对比研究，因此，我们认为其结果不具备稳定性。此外，这些评估提供更为广泛的主题，并详细研究了每个主题。虽然未系统地统计汇总和分析证据，但也暴露了目前元分析的研究不足之处：第一，不同农业生态环境下的水资源利用和管理问题，以及在这方面，如何实施各种实践和专有措施；第二，不同农业生态环境下种植的单一中心作物，如水稻、木薯、大豆或小麦。

3.3.2 单一系统比较研究

对单一系统比较研究进行文献检索，有 185 篇研究符合检索条件（基本上是"生态农业"的各种形式和组合，以及相关术语，如"朴门永续设计""再生农业""气候变化"等；附录 2.3）。从这些研究中，我们仅确定了 17 项研究满足分析中包含的所有选择标准。这些研究报告了 83 例生态农业实践的实施案例，这些案例在农业生产系统、实践、作物类型、地理位置、土壤气候特征、政治、社会和文化背景等方面存在巨大差异性。加之案例分析较少（仅在每项研究中汇报指标，而不针对单个实践进行汇报），致使严重阻碍了全面的系统整合分析。因此，我们对这些结果进行了描述性分析，尽管如此，仍有几种模式值得我们注意。

首先，案例研究中的实践分布表明，重点采取的措施为"农林复合经营"，其次是"有效利用水资源""生物质循环利用""作物轮作"，随后为"固氮""覆盖作物""采用有机和低投入系统"（图 3-1）。

其次，在总水平上，从粮农组织生态农业十大要素角度分析实践，我们注意到生态农业"与生产相关"的六大要素（即效率、循环利用、负责任治理、多样性、复原力、协同作用，总比重为 90%）受到了高度重视，其中多样性和效率是重中之重（占比为 50%）。"知识共创与共享"在研究报告中出现了 5 次（占比为 6%），而其余更为广泛的要素"循环和互助经济""文化和饮食传统""人文和社会价值观"几乎未被提及（图 3-2）。但是，所涵盖的要素与提高复原力的各个方面密切相关，因此，尽管没有形成生态农业的全面覆盖，但仍有助于适应气候变化。此外，许多要素与增强缓和冲击的协同效益有关，如案例研究中指出的提高效率、减少无机肥料的使用、增加土壤碳储量。

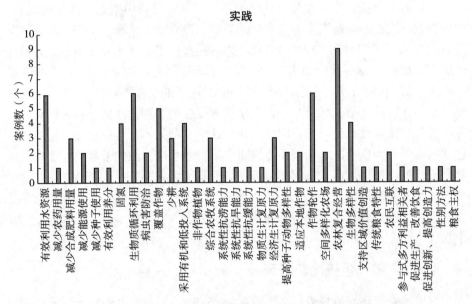

图 3-1　单一系统比较研究中生态农业实践的分布

[从下（左）到上（右），按其提及的生态农业十大要素排列（见第 1.4.1 节）]

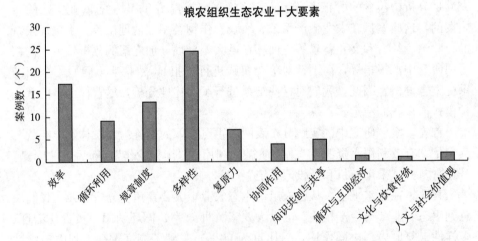

图 3-2　单一系统比较研究中生态农业要素的分布

同时，Gliesman 关于生态农业转型的五个层面还反映了农业实践中缺乏系统化元素（图 3-3）。研究结果表明约 40% 的实践需要"重建生态农业系统，使其在新的生态过程基础上发挥作用"（Gliesman 三级），而近 50% 的实践则没有涉及生产体系的重建（Gliesman 一级、Gliesman 二级）。大约 10% 的实践需要"在粮食种植者与粮食食用者间重建更直接的联系"

（Gliesman 四级），而只有两个实践涉及"建立全新的全球粮食体系"（Gliesman 五级）。

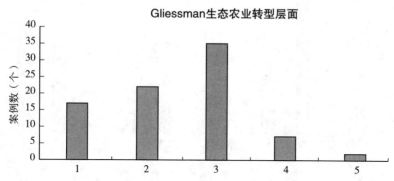

图 3-3 单一系统比较研究中 Gliessman 生态农业转型各层面的分布

结果表明，这些研究未能全面覆盖生态农业。大多数研究侧重生态农业相关实践，而未能着眼于整个粮食体系，因此，未能全面覆盖生态农业领域。生产体系也限制了研究的覆盖度。这些研究注重作物生产与森林畜牧系统，却忽视了非木材林业产业与水产养殖，这也反映出这些背景下的生态农业研究的不足。

图 3-4 列举了生态农业绩效评估工具（TAPE）中农业生态绩效标准的单系统比较研究分布，TAPE 是粮农组织《全球生态农业多维评估分析框架》（粮农组织，2019c）的测试版本。一些论文采取了不同于粮农组织全球分析框架所建议的指标，如"财富"，我们将其纳入图表中相应的标准（此处为"收入"）。

这些研究主要关注"生产力"（即产量，占比 27%）、"土壤健康"（21%）和"农业生物多样性"（17%），其次是"粮食安全"和"收入"（各占 12%），从经济、环境、健康和营养方面制定了与气候变化适应力最密切相关的四个标准（标准：土壤健康；农业生物多样性；收入；生产率）。

单一系统比较研究大致展现出生态农业系统在各自基线方面的可改进性，即研究案例中特定位置的"平均"（常规、传统）生产体系。因此，研究报告中贯述丰富土壤多样性，改善土壤特性，减少了侵蚀，提高了土壤持水力和保水性，对气候变化适应力产生了积极影响。在某些情况下，数据差异并不显著，只有产量不是十分可观。但有几个重要方面在研究报告中几乎没有涉及，如粮食安全与营养。

最后，三分之一的研究明确阐明了土壤固碳与生物量以及减少化肥使用对减缓气候变化的好处。约 50% 的单一系统比较研究强调了体系层面的作用，如采用生态农业方法的有利环境、知识转让与交流、知识共创、（参与性）推

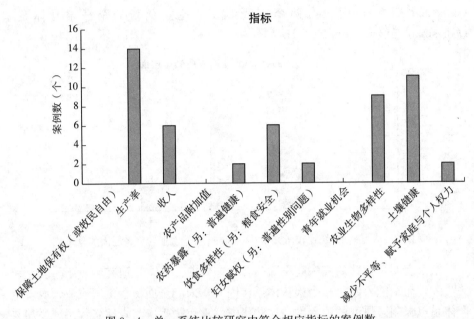

图 3-4 单一系统比较研究中符合相应指标的案例数

广与咨询服务以及获得金融与其他生计资本。研究强调，如果没有这些有利的环境因素，就不会采用生态农业方法，也就不会实现其适应和缓解效益。

气候变化适应生态农业绩效标准研究所提供的证据主要基于农林系统中的替代生产或高效用水等专有农业案例，然而却普遍缺乏一致性或整体性系统评估方法（约有三分之一的研究遵循这种方法）。因此，这些研究报告中的良好表现是仅与生态农业有关，还是仅与农林业、采用特定的水管理制度等生态农业具体措施有关，这一问题仍然悬而未决。此外，这些研究都没有具体测试该方法在体系方面的作用，因此不能确定良好的绩效在多大程度上归功于良好的知识转让、推广与共创，以及这些案例在多大程度上归功于"生态农业"。

3.3.3　知识共创与知识转让咨询服务综述

知识转让在采用生态农业实践中起到核心作用，知识共创是采用生态农业的组成部分，而知识密集度是采用生态农业的主要障碍，这促使人们对这些实践进行元分析和综述（附录 2.1）。Knook 等人在 2018 年系统回顾了参与度评估，以更好地理解并证明基于农民需求与参与力制定干预措施的有效性。他们发现这一点产生了强烈的积极影响，但评估结果的科学稳定性是可变的。在Davis 等人（2012 年）对农民田间学校（FFS）影响评估的回顾中，也可以看到参与式推广计划对主要经济指标产生了类似的积极影响。Pamuk、Bulte 和Adekunle（2014）的第三次综述，调查了创新平台（IPs）在使用原始数据支持八个非洲国家采用生态农业创新方面的有效性。他们发现作物管理创新方法的采用产生了强有力的积极影响，但对其他创新领域影响不大，例如与土壤与肥力管理有关的领域和其他更复杂的生态农业实践，如作物轮作。重要的是，知识产权的成功似乎在很大程度上取决于社会资本的存在与类型以及特定环境特征对创新交付的相关性。这是公认的（Dror 等，2016；Schut 等，2018），可以为生态农业相关举措和政策提供借鉴。

3.4　讨论：生态农业应对气候变化的潜力

3.4.1　提高适应力，降低脆弱性，缓解协同效益

生态农业实践和生态农业系统的关键要素在于农业对气候变化的适应力和复原力，尤其是生态农业实践和生态农业系统的关键要素对土壤健康和生物多样性以及农业收入和生产力的影响。而且，土壤健康的改善与较高的土壤有机碳水平相关，也具有相应的缓解气候变化的协同效益。

这些发现向生态农业生产系统和实践提供坚实基础，使其成为农业适应气候变化具有前景的方法，也带来共同效益。但人们面临的挑战是，无法明确生态农业就是有机农业。因此，明确生态农业的特点，获得支持非常关键，这也是生态农业绩效评价工具（TAPE）仍在进行田野测试的主要目标。

生态农业绩效评价工具基于结果进行组织，即以与气候变化适应力相关的关键指标的良好表现为评估条件，如，土壤健康和生物多样性指标。或者，将其与特定实践的应用型相联系，这些实践通常在适应气候变化方面表现良好，如优化后的多样化作物轮作、有机肥料的使用，或农林复合经营等例子。

此外，我们强调机构具有中心作用，如通过咨询服务和对农民进行知识共创和传播的方法来支持生态农业实践的发展、改善和应用。支持生态农业和提高复原力时，建立和增强功能性知识和创新系统十分重要。这也要求研发具有足够的资金投入。目前，生态农业及其相关生产系统几乎未获得投资，长期资金不足。因此，以环境敏感型的方式处理创新和知识转让十分关键，即基于环境选择合适的方法（Sinclair 和 Coe，2019）。其中，尤为重要的是如何向广大农业人口推广生态农业，并扩大"知识密集型"生产系统的使用规模。粮安委高级别专家小组关于生态农业的报告也证实了这一点（高级别专家小组，2019；Biovision，2020），并强调，与其他创新方法相比，生态农业方法研究获得的投资较少，尤其是以下研究领域投资十分有限：采用生态农业方法的经济和社会影响；生态农业实践在多大程度上提高了农业对气候的复原力；与其他可替代的方法相比，生态农业实践在不同情况下的相对产量和表现；如何将

生态农业与公共政策相联系（高级别专家小组，2019）。

通过分析元研究，得出另一重要发现：生态农业对生产力和产量的影响。农业必须确保粮食安全，这与每公顷的产能有关。通过元分析，我们了解到低投入系统（如有机农业）比高投入系统的产量低。而且，生物多样性的高低往往与生产力和稳定性的提高有关。然而，单一作物的产量并非评估生态农业系统生产潜力的最佳标准。使用聚合度量法，如特定时期特定区域提供的总收入或总热量或人类可食用的蛋白质，或更广泛的方法，如高级别专家小组（2019年）提议的"土地当量比"，对一定空间和时间内的产量进行均分是更恰当的方式。这种评估方式更适合用于与粮食安全相关的生产力、复原力以及充足的营养供应等方面。评估农业生态系统对气候变化的适应力时，尤其在面对更具挑战性的气候条件时，这种更全面的生产力标准的表现和稳定性的评估方式应作为评估标准。此外，粮食产量必须与其用途相联系，减少生产饲料或产量损失或浪费的种植面积，将减少特定地区实现更高产量的压力。最后，农业具有许多功能。在全面可持续的评估中，产量只是众多标准中的一个。未来可持续的粮食体系取决于农业在众多标准中都有最佳表现，而不是在一个标准上表现最佳，在其他标准上表现平平。

3.4.2 研究不足

元分析和报告提供了许多有力证据，但并未在一些案例研究中得以证实，这些案例研究为生态农业关于基本产量在气候变化适应力和复原力方面的相对表现提供具体而有力的证据。因此，基于案例研究而得出关于生态农业和气候变化适应力的证据，视生态农业为重点，且具有明确的参考情景，而且这些证据零散，尚未被证实。这是因为我们的目标是为生态农业对气候变化适应力提供强有力的科学知识基础，导致许多案例研究未被纳入调查范围（185 个案例中只有 17 个）。目前存在大量民间社会组织针对可获得的生态农业案例研究的说明和报告，这些说明和报告都表明生态农业表现良好，但几乎没有一个符合我们对案例研究报告的选择标准。而且，这些数据可能存在偏差，因为一些案例自称与生态农业相关，但实际上大多数生态农业工作是由支持生态农业的机构完成的。由于我们对生态农业之外的其他关键词进行补充研究，这在一定程度上降低了偏差（附录 2.4）。但是，我们无法判断机构对生态农业的偏向造成的误差的重要性，也无法控制误差的产生。

生态农业、气候变化适应力和复原力工作的一大挑战是，我们需要真实地研究生态农业，并进行长期研究以评估适应力。而且，我们还需要精心设计更多的对比研究（Cote 等，2019），采用最佳样本设计，其中以 Bezner Kerr 等（2019）的研究作为案例。如果研究背景为干旱和龙卷风等极端事件，这种对生态农业和一些对照农场面对冲击时的相对表现的评估，是观察适应力和复原力的关键因素，因为生态农业和对照农场可避免长期观察，可以从适应力活动中得出一些线索。为全面评估生态农业的适应力，确定哪些方面对适应力最为重要，我们需要进行更多的此类研究。

3.4.3 提交至科罗尼维亚农业联合工作：待列入话题 2（b）、2（c）和 2（d）的要素

基于生态农业对气候变化适应潜力的调查结果，作者们向科罗尼维亚农业联合工作递交了提案。Biovision 和有机农业研究院已准备第一份提案，这份提案针对 2019 年 6 月举行的 SBI/SBSTA50 专题 2（b）"评估适应力、适应力的协同效益和复原力的方法"和专题 2（c）"改善草原、耕地和综合系统的土壤碳、土壤健康和土壤肥力，包括水管理"。国际有机农业运动联盟有机物国际组织、国际有机农业运动联盟欧洲联盟、Biovision 和有机农业研究院也已准备第二份提案，这份提案的主题是 2（d）"改善养分利用和肥料管理，实现可持续和具有复原力的农业系统"。

3.5 结论

首先，尽管我们在工作中使用了定量指标、相关关系和合理论证，并明确指出所用方法面临的潜在挑战和使用的基本数据，但结果清晰地表明：

生态农业以关键实践和特点为基础，这些实践和特点在与气候变化适应力和复原力密切相关的指标方面表现良好，如与土壤健康和生物多样性相关的各种标准、生产力和产量稳定性等。而且，这些关键实践和特点与缓解气候变化协同效益指标相关，主要与土壤有机物有关，但也可通过降低投资成本来实现。

因此，我们主张增加对生态农业中处于核心地位的实践和特点予以支持，支持以实践为本的方法，并对这些实践的研究和实施进行更多投资。因为时下主流方法存在许多已知缺陷，而这些实践为其提供具有前景的替代性方案。

这些结果也使我们进一步优化了调研结果。例如，有机农业的产量稳定性较低，而生物多样性的增加与较稳定的产量和长期的生计复原力密切相关。这表明，有机农业未能充分实施和利用其多样性潜力，并且，有机农业与生态农业方法在这一点上存在很大不同。这将是未来研究的一个重要领域，改善有机农业，使之成为一个与生态农业密切相关的、定义明确的典范，并进一步深入了解农业生态系统中生产力、稳定性和多样性的关系。元分析中还缺少几个方面的研究，如水管理和水利用，种子可用性和种子多样性的作用。

其次，知识转让、知识共建等的核心作用特别强调了生态农业这一主题。最近，世界粮食安全委员会高级别专家小组关于生态农业的报告（高级别专家小组，2019）再次强调了生态农业的核心作用，其中强调了有利政策和工具以及转型路径投资的重要性。非政府组织和其他组织通常发挥着核心作用，不仅推动生态农业进程，还特别体现在提供资金和促进与相关机构的交流上。例如，知识产权领域清楚地阐释了这一现象：生态农业的成功推广似乎在很大程度上取决于社会资本的存在和类型，以及创新交付的具体环境特征和相关性。

4 生态农业政策与技术潜力分析（肯尼亚和塞内加尔案例研究）

为进一步审查研究元分析的结果，我们在塞内加尔和肯尼亚分别进行了案例研究。塞内加尔和肯尼亚都有可持续农业实践记录，这一点在两国最近的气候战略中也有所体现。每一个案例研究中的政策潜力和技术潜力都采用以下方法评估。

技术潜力分析的目标是通过严格对比与分析，深入理解生态农业的生态表现力和社会经济价值，从而回答以下问题：生态农业生产体系是否比非生态农业生产体系更具气候变化适应能力？如果是，为什么？

分析政策潜力旨在深入理解当前的政治环境，深入理解决策过程和扩展对生态农业有利因素和不利因素的考虑。政策潜力表明（一国）政治环境通过其政体、政策、政治活动在强化意识、扩大接受度和增强落地实施方面对农业生态化的扶植程度。

4.1 总体方法

4.1.1 生态农业政策潜力评估方法

政策潜力研究方法与主题要点

首先，分析了解当前总体政策形势，以及生态农业是否/如何在政策框架下有所体现。其次，基于以上分析，构建 2025 理想愿景假设，描述 2025 生态农业享受的有利政治环境：纳入政治考量范围（政治意识），得到政治认可（政治意志），获得有效实施（政治承诺/行动）。以上两种情景的差异决定了生态农业未来的政策潜力幅度。为进一步说明，将最后两种情景的差异进行分析，明确参考情景向理想情景过渡的机会和挑战，以此验证现有的政策潜力（图 4-1）。

情景评估基于文献综述、半定量词汇分析、问卷调查和焦点小组座谈（FGDs）。访谈和 FGDs 可以同时涵盖以下评估方法的多个方面。

为使参考分析充分评估生态农业当前的政治地位和推广生态农业的政治意

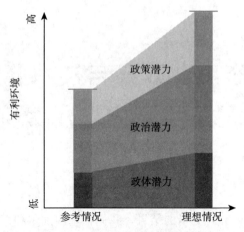

图 4 - 1　依赖政策环境的潜在情况

愿，我们从以下三个角度进行分析：

> 政体视角：采用文献综述法，评估政治体系、各级政府机构功能、现有愿景、长期战略、农业领域的优先事项和当前主要规划。评估以往FGDs 效果，对比现实作为，重点关注机构是否发挥职能，以及远景/长期战略的实施状况。此外，评估政府对农业和粮食体系的总体规范框架（认可，期许），并就政策和法规执行的成功之处和可持续性展开讨论。

> 政治视角：开展 FGDs 和关键利益相关者访谈，评估参与决策的利益相关者代表对生态农业方法的认识、理解和接受程度。

> 政策视角：基于气候变化背景下的现有政策或计划政策，评估生态农业方法论得到采用、支持或受到阻碍的程度。

通过文献回顾和字数分析：①分析当前与农业、气候变化、自然资源管理和/或经济发展相关的关键政策；②确定和评估未明确提及生态农业但涉及生态农业某些要素的政策。

通过半结构化访谈，评估目前正在制定或计划中的新政策，这些政策可能会对气候变化背景下的农业部门产生影响。

最后，根据上述方法，对每个评估角度进行定性评级，分为高、中、低三个等级，整体评定该国有利生态农业的政治环境。

2025 年生态农业理想愿景中描述的预期有利政治环境，在 FGDs 的具体表述如下：

> 假定 2025 年的政治体系能为生态农业提供坚实基础，构建假设场景；

> 描述并讨论该政治体系下的制度维度和规范维度的特征；

> 具体说明哪些政策主体需要采取何种立场和行动促进政策的制定和实

施，以满足该政治体系的需要；

➢ 描述实现该政治体系所需的实用性和持久性政策/法规。

4.1.2　生态农业技术潜力评估方法

技术潜力分析分为两步：

（1）根据合作伙伴组织评估标准对小农户抽样。分为"生态农业干预组"和"对照组"（不属于生态农业组/运动的农民）。

（2）使用 SHARP 指标评估两组农场的气候变化复原力，并加以比较。具体操作步骤如下：

取样设计

生态农业体系抽样样本来自与非政府组织（NGOs）和社区组织（CBOs）保持长期合作关系的各个农户协会。此类 NGOs 和 CBOs 支持生态农业，支持利用本土知识系统进行粮食生产，并就应用可持续农业技术管理土壤、水资源、作物、动物和虫害等问题提供专业建议。从案例分析的角度看，采取以上步骤发展可持续农业被视为"生态农业转型"表现。抽样方法根据农民的空间分布采用随机抽样，基于以下标准确定生态农户的"干预群体"：

➢ 选择参与此类生态农业项目至少五年的农户；

➢ 受气候变率影响的农户；

➢ 与对照组农户条件相近的农户（处于同一地区，以控制位置效应）；

➢ 采用混合种植制度和作物-牲畜一体化生产模式的农户。

非从事生态农业的农民是从同一地区随机挑选的（对照组），密切配合生态农业生产者（干预组）的生态农业条件、气候条件、生计战略和土地持有模式。

农牧民气候变化复原力自我评估和整体评估（SHARP）

两个案例研究中的实地数据收集都是通过面对面访谈进行的，使用工具是农牧民气候变化复原力自我评估和整体评估（SHARP）应用程序 0.13.18 版本，SHARP 是 FAO 开发的用于评估气候变化复原力的结构化评估工具。

SHARP 基于农户的灵活性、学习特点和知识获得方式，专注分析农业体系和农户家庭的优劣势领域（Choptiany 等，2017）。SHARP 认为气候变化复原力是农业体系和农户本身的内在要求。

遵照 SHARP 工具的总体研究方法，不同农产体系要素的数据收集分 39 个模块进行，广义上涵盖四个领域，即农艺实践、环境因素、社会互动、经济要素与治理。但是，治理模块和节能模块均未包括在本书中。此外，通用信息模块无评分结果，因此，共有 36 个模块用于气候变化复原力评估，按其适用领域进行分组。

SHARP 评估是定量问卷（客观）和定性问卷（主观）的结合，问卷问题涵盖上述所有领域。就客观信息而言，每个模块分成不同的子模块，涵盖农场的不同方面。例如，林木评估模块22评估内容包括：①树种多样性；②林木数目；③林产品的使用等，每个子模块单独评分。

为评估气候变化复原力，SHARP的每个子模块都设置了评分机制，以更加精确地确定农场体系的气候变化复原力水平。SHARP的每一个模块自动生成三项得分：技术得分（客观信息）、充分性得分和必要性得分（主观信息）。客观信息的得分（如技术得分）基于学术和专业知识，气候变化复原力得分从低到高为0～10分。主观信息（充分性自我评估和重要性自我评估）基于农户对农场特定生产要素/资源的直观需求和主观要求，通过了解农户对农场特定生产要素/资源的充分性和重要性主观判定获得。充分性和重要性均通过李克特量表进行评估：充分性自我评估由低到高为0～10分，重要性自我评估与之相反，由高到低为0～10分，其中0代表自我评估的高必要性/高重要性。

如上所述，子模块得分相加得出每个模块的技术得分，从而客观评价农场体系的气候变化复原力。

仅从技术得分看，SHARP模块是由不同的子指标体系构成的，正如Cabell和Oelofse（2012）所指出的，SHARP得分是13项农业生态体系气候变化复原力指标之和。表4-1显示了不同子指标的技术分数如何转化为不同气候变化复原力指标的气候变化复原力分数。

表4-1　基于模块和子指标的生态农业系统复原力指标 SHARP 评分摘选

SHARP 生态农业系统复原力指标	SHARP 子指标	SHARP 模块主题	SHARP 子模块（问题）
1. 社会自组织	1.1　团体成员	36. 团体成员	36. 参与度
			36. 团体的发起
	1.2　当地农贸市场准入	30. 市场准入	30. 在当地市场/合作社/协会销售农产品
			30. 获取市场价格信息
	1.3　前期集体行动	35. 社区合作	35. 社区成员共同解决问题
			35. 解决问题的机制
	1.4　获取公共资源	5. 土地使用权	5. 可用公共土地面积
	1.5　财政支持	33. 获得金融服务	33. 必要时获取财政支持
5. 最优冗余	5.1　品种多样性	13. 动物生产	13. 动物品种数目
		6. 作物生产	6. 作物品种数目

气候变化复原力指标得分（社会自组织）是子指标得分总和（1.1团体成员、1.2当地农贸市场准入等）。子指标得分是SHARP子模块得分总和。例如，动物生产模块分数加作物生产模块分数得出子指标5.1（品种多样性）的总分。

如表 4-1 所示，本书根据子模块（问题）分数评估子指标分数，基于 92 项子指标分数得出 13 项生态农业系统指标分数。例如，社会自组织指标评估农民组织基层网络和团体（如合作社和农贸市场）的能力。因此，最终得分将是团体成员、当地农贸市场准入等子指标得分总和，这些子指标分别来自团体成员模块和市场准入模块的子模块。

在某些情况下，研究通过多个模块的子模块分数评估子指标。例如，子指标品种多样性的分数取决于两个子模块：饲养的动物品种数目（来自动物育种实践模块）和栽培的作物品种数目（来自作物生产模块）。最终气候变化复原力水平的评估标准为 0~100%：低水平（0~35%）、中等水平（36%~70%）、高水平（71%~100%）。

除了评估气候变化复原力分数外，还可以根据技术、充分性和必要性得分总和确定优先干预领域。这意味着，技术和充分性得分较低、必要性得分较高的干预领域将是总分最低、而农民自我评估为最优先的干预领域。因此，得分最低的领域被认为是最优先干预领域。

研究采用双尾样本 t 检验来评估生态农业系统和非生态农业系统在不同层面上的 SHARP 得分差异，这些层面包括生态农业系统气候变化复原力指标（社会自组织、生态系统自我调节等）；子指标（团体成员、当地农贸市场准入等）；模块主题（家庭、生产活动、非农创收活动等）和涉及领域（农艺实践、环境因素、社会联系和经济成分）。

在应用 t 检验之前，需对数据集进行正态性（使用夏皮罗-威尔克检验法）和方差齐性（Levene 统计）检验。对于非正态分布数据集，采用非参数检验（Wilcoxon 秩和检验）。对于方差不齐的数据集，采用 Welch 双样本 t 检验。所有检验均在 R3.6.1 版本下进行。

4.2　肯尼亚案例研究结果

4.2.1　当地情况

气候风险严重威胁肯尼亚可持续发展目标。肯尼亚人口 4 850 万，是东非最大的经济体及金融、贸易和通讯中心。该国经济发展在很大程度上取决于农业，尤其是农业对气候变率、气候变化和极端天气事件的敏感性。近年来，季节性变率增加及主要雨季降雨量减少影响了谷物产量。周期性干旱和洪水（可能因气温升高、暴雨、海平面上升而加剧）导致作物和牲畜严重损失、饥荒、百姓流离失所。2008—2011 年干旱导致该国损失 121 亿美元。肯尼亚缺乏主要大宗作物，因此，必须进口大量粮食。而持续的气候变化影响只会增加这种依赖性。据模型估计，到 2030 年，气候变率和极端天气每年造成的损失相当于 2.6％国内生产总值（美国国际开发署，2018）。

尽管肯尼亚重视农业，但与基础设施和能源等其他部门相比，该部门在预算分配方面并没有受到高度重视。这体现在该国农业发展缓慢，因此，需制定适应和缓解气候变化的框架或战略，主要包括增加农业投资、落实扶持政策、使用适合耕牧混合农作的气候抵御型技术。

4.2.2　政策潜力

政策制定

转变农业生产力以实现粮食安全，改善营养、加强抵御气候变化影响的能力、消除社会不平等、最大限度地减少生物多样性损失是肯尼亚四大议程，也是国家气候变化应对战略及其他经济和社会发展战略的核心。这体现在一系列政策中，这些政策旨在将肯尼亚转变为可持续粮食和农业体系。通过实施四大议程，肯尼亚计划减少 50％粮食不安全人数及 27％五岁以下营养不良儿童人数（MALF，2017）。

肯尼亚《2030 年愿景》和四大议程的实施旨在将自身转变为高科技服务中心，形成创新和创业潜力，从而使其经济摆脱对农业的过度依赖。尽管如此，肯尼亚已经制定并正在实施几项农业和气候变化政策，旨在保障粮食安全和营养。肯尼亚农业部门的总体目标是通过改善自然资源管理、提倡适用于可持续和气候抵御型农业生产的实践，促进粮食和营养安全并推动创收（GoK，2018a）。另外，气候变化政策和战略的目标是提高气候变化适应力和复原力，同时促进低碳发展。

为了应对极端天气事件，政府制定并实施了许多与农业和气候变化相关的政策和战略。其中，2017 年制定了肯尼亚气候智能型农业战略（KCSAS），并在 2018 年经多方利益相关者参与制定了气候智能型农业（CSA）实施框架对其进行补充。这两份文件明确了气候智能型农业在抵御气候影响方面面临的挑战和机遇（GoK，2017；GoK，2018a）。然而，也有观点表明，气候智能型农业可能包含传统农业方法。

肯尼亚农业政策环境受农业政治经济的影响，而农业政治经济受国家政治制度的影响。国家政治制度进行政策激励，以促进农业发展和/或激发私营部门及捐助者兴趣。现行农业政策很少由农民或社区推进，因此往往不能满足当地的需要。

鉴于这些不足，决策者有必要利用议程中更具体的方法，推广优质农业实践。可以从基于农业部门生态农业实践的系统性方法切入，或将这些实践纳入气候智能型农业实施框架，这一实施框架在肯尼亚已经成熟。然而，据证明，尽管系统性生态措施对抵御气候变化产生了积极影响，但许多试点项目通常认为这些措施是单一的小规模干预措施，且扩大规模的机会有限（Wankuru 等，2019；Wigboldus 等，2016）。限制生态农业方法推广的因素包括：对这些方法的潜力认知不足、生态农业知识密集、背景特殊、缺乏政治框架支持。此外，还包括技术或经济障碍，如初始成本或交易成本。

研究方法

基于上述情况，本案例研究旨在探索肯尼亚生态农业的政策潜力，尤其是评估当前农业和气候变化相关政策和战略如何支持生态农业的应用和推广。

本案例研究采用定性研究法，包括文献综述、半结构化访谈和焦点小组座谈。文献综述法具体从生态农业要素和实践角度综述了政府政策、战略和实施文件（附录 2）。在本研究中，我们检索了如下生态农业要素：生态农业政策和战略中的复原力、效率、多样性、生物多样性、协同效应、知识共创与共享、循环利用以及负责任治理（Wezel 等，2014）。我们分析评估了农业、气候变化、林业、水资源等与当前农业、气候变化相关的生态农业政策和战略，以概述生态农业的地位和作用，至少在缺乏专门关于生态农业国家政策的情况下，将其要素纳入现行相关政策。

我们综述了过去 20 年来与农业、环境、水资源以及林业相关的 21 项政策和战略（附录 2），以政策内容为重点，制定了两步综合性分析框架，分别涉及对生态农业要素与生态农业实践的分析。这些要素和实践来源于粮农组织（附录 2），可应用于生态、经济和社会文化环境。

我们进行了半结构式访谈，访谈对象来自活跃于农业部的政府机构、决策者、民间社会组织、非政府组织和国家研究组织中的 14 名参与者。本次访谈重点探讨了利益相关者对生态农业的理解以及当前生态农业相关的政治形势。同时进一步评估是否以及如何考虑农业、环境、水资源和林业政策中的生态农业及其要素。

此外，我们还举办了两次焦点小组座谈。第一批焦点小组座谈成员由各部成员和政府官员组成，第二批则由民间社会组织和非政府组织代表组成。焦点小组座谈期间讨论的问题包括如何将生态农业纳入肯尼亚的农业综述、当前与生态农业相关的政策以及如何支持肯尼亚的生态农业方法和战略。

结果与分析

政策视角：肯尼亚生态农业政策分析

分析表明，在当前国家农业和气候变化政策领域，尽管存在肯尼亚气候智能型农业战略（KCSAS）等与生态农业密切相关的框架，但没有专门与生态农业相关的政策。尽管如此，权力下放为各县提供了根据当前情况制定政策的机会。47 个县中，基安布县第一个通过了生态农业法。这对其他县产生了影响，例如，梅鲁县目前正在制定促进生态农业的干预措施。

肯尼亚现行政策中的生态农业要素

综述表明，尽管肯尼亚相关政策中没有"生态农业"一词，但仍考虑了旨在提高农业生产力和复原力的生态农业要素和方法。大多数政策提到了两到三个粮农组织生态农业要素。但是，没有提及文化与饮食传统、循环与互助经济等要素。

政策中的生态农业要素旨在保障粮食安全与营养，增强肯尼亚农业系统的复原力（粮农组织生态农业要素），并提高农民的适应能力。例如，肯尼亚国家发展委员会强调加强协调气候变化行动、公众参与和包容性（粮农组织与人类和社会价值观以及负责任治理相关要素），提高粮食体系复原力，增强适应力。国家发展委员会表明，增强复原力意味着提高所有农业生产系统（包括水资源和能源等支柱部门）的资源利用效率（粮农组织生态农业要素），以及执行降低生产成本以提高生产率的政策。在增加作物、牲畜、植物和土壤生物多样性方面提到了粮农组织生态农业多样性要素，这些生物多样性易受气候变化和病虫害等影响。

> ➡ **框架 2：生态农业要素现行政策示例**
>
> 肯尼亚国家级气候智能型农业战略（KCSA）和气候智能型农业实施框架（CSA）概述了气候抵御型农业要素和制度安排，以规避气候对农业部门的影响。某些生态农业要素与气候智能型农业战略和实施框架存在重叠或分歧。战略和实施框架明确阐述了十大生态农业要素中的复原力、效率、多样性和协同作用，并体现了文化与饮食传统、知识共创与共享、循环利用和负责任治理等其他要素。然而，作为粮食安全和主权的变革性生态农业推动力，人类和社会价值观以及循环和互助经济要素却并未受到重视。

确定并加强农业部门粮食安全、脱贫、适应和缓解措施间的协同作用，是政策中涉及的另一个粮农组织生态农业要素。这些政策还将纳入跨领域办法，以加强执行机构和利益相关者内部的协同作用并提高效率，而农林复合经营正是具有提供这种协同效应、复原力效益和减少农业系统排放潜力（GoK，2018a）的生态农业实践。

"农业部门发展战略（ASDS）承认肯尼亚生态农业多样性，旨在增加粮食的多样性，以满足饮食和营养需求，增加农业生物多样性以及传统粮食来源，并支持使用有机做法实现可持续粮食生产系统"（MoALF，2018）。

尽管政策中没有明确提及知识共创与共享，但农民等利益相关者将参与有关气候适应型作物和牲畜的交流、认识、教育、宣传、公众参与和信息获取等活动，以及农业部门的适应行动，如节约用水与循环利用、本土知识运用、水资源和能源的有效利用、预警系统和农林复合经营（GoK，2017；GoK，2018）。

基于问责制、透明度、法治和参与度等要素的国家级治理框架向下延伸至县级，为每个阶段的预期工作提供明确指示。然而，这些政策中缺少公平、包容的社区和传统层面治理等良好的治理机制，这些机制能够帮助不同参与者采取更具复原力和可持续性的农业实践，同时最大限度地发挥农业价值链的协同作用。

最后，政策中没有直接提到与循环利用有关的生态农业要素，只有水资源部门认为，公众对节水和循环利用的认识是有效利用水资源。因此，要在其他政策中进一步强调这一要素。

肯尼亚气候政策中的生态农业要素

肯尼亚气候变化政策和战略间接涉及了生态农业要素。肯尼亚 2016 年通过了《气候变化法》，该法案提供指导国家和县级政府应对气候风险和加强国家气候复原力战略的监管框架。该法案提供了将气候变化纳入部门政策主流的详细机制，包括监测和执行机制。国家应对气候变化战略（NCCRS）（GoK，2010a）是将气候问题纳入国家优先发展事项的指导框架。NCCRS2016 年通过《气候变化法》转化为国家气候变化行动计划（NCCAP），2018—2022 年通过国家气候变化行动计划（NCCAP）实施《气候变化法》。

可持续土地管理是 NCCAP 中提出的气候行动之一。可持续土地管理规划的具体活动涉及了某些生态农业要素与做法，如土壤-作物-水综合管理、农林业和农业-森林-畜牧系统；管理土壤有机质以实现土壤固碳；缓解和防止土地退化，恢复退化的土壤和土地（GoK，2018b）。

此外，农业部制定了肯尼亚国家级气候智能型农业战略（KCSAS）2017—2026，旨在适应气候变化，提升农业系统的复原力，同时最大限度地减少排放，以保障粮食和营养安全，改善生计（GoK，2017）。KCSAS 概述了肯尼亚农民面临的气候变化相关问题：不可持续的农业土地管理做法、低效的作物和牲畜生产系统、农业部使用化石燃料以及化肥、肥料和农业废物管理不善等，为实施 KCSA 并为 CSA 主流化提供指导，制定了 2018—2027 年 CSA 实施框架（KCSAIF）。框架中没有明确提及生态农业，但间接体现了一些生态农业要素，如多样化和改良作物品种（高产、短周期、抗病虫害、高营养价值、耐洪水）、采用综合土壤肥力管理做法，以及推广当地和适应当地的农作物品种。

肯尼亚政策中的生态农业实践

综述表明，关键政策在一定程度上符合生态农业要素，并在社会经济、生态、政治和环境领域实现了可持续农业系统的平衡。虽然肯尼亚政府承诺提供利于提高农业生产率和复原力的政策和制度环境，但农业景观受到投入供应农业企业的大量渗透和限制（GoK，2010b），导致整个农业系统中的作物和牲畜全部遭遇新出现的病虫害。

大多数政策和战略建议增加外部投入资金，并开展宣传活动。例如，农业部门发展战略（ASDS）旨在为小农批量购买和提供外部投入，这与生态农业相反。生态农业鼓励采用综合和传统的土壤肥力、病虫害管理做法，并利用由此产生的协同效应，增加农场、作物和牲畜的多样性。

气候智能型农业（CSA）战略和框架选择性纳入了一些生态农业实践，并将其与适应性、传统和环境可持续技术相结合，如适应性作物和牲畜种质的保存和繁殖，沿价值链提供天气和农业咨询信息，供决策和保障高效用水（包括灌溉）之用。CSA和生态农业的重叠做法包括：综合治理害虫，最大限度地减少因温度升高而产生的新害虫和病原体的农药使用；农林复合经营，架起农业发展和森林保护的桥梁；土壤肥力综合管理。

尽管如此，政策中的生态农业相关做法较少。例如保护性农业、农林业、可持续土地管理、本地耐旱作物种植、集水、牲畜管理和土壤肥力综合管理。总体而言，几乎所有与农业有关的政策都会考虑增加作物、牲畜、渔业和土壤多样性，以增强生态系统服务和资源的可持续利用，这是适应、缓解气候变化影响并提升复原力的关键。

农林业是大多数政策中提到过最多的生态农业实践，用于增加农田的树木覆盖率、改善营养和收入、保护环境以及增加碳储量。

肯尼亚生态农业政策制定滞后的原因

在半结构化访谈和焦点小组座谈期间，受访者概述了肯尼亚生态农业政策制定滞后的各种原因。其中包括：

➢ 政府目前的第一要义是保证粮食安全，即不仅需要使粮食产量最大化，获得更高的经济效益，还需为居民提供优质食物。但政府通常关注粮食产量，鲜少关注粮食体系的整体性。人们认为生态农业仅能小范围应用，政府也认为采用生态农业实现粮食安全具有局限性。因此，政府认为气候智能型农业是实现国家粮食安全的可行性措施。

➢ 生态农业并非广为人知。生态农业在肯尼亚是一个相对较新的概念，肯尼亚决策者也尚未完全理解生态农业各要素。因此，有必要增加生态农业研究资金和大众敏感度，使利益相关者充分了解其益处。

➢ 生态农业包含许多术语和概念。全国各地的农民都在运用生态农业实践，只是叫法不同。如果政府为每一种新兴方法都制定策略，那么就会有成千上万的策略，这不仅制造混乱，也难以实施。

➢ 肯尼亚对于气候智能型农业和生态农业未作明显区分。那些稍微了解生态农业的人，将其视为气候智能型农业的一部分，因为他们认为两者之间有协同作用。生态农业和气候智能型农业的构成要素必须具体情况具体分析，只有这样才能阐明二者的交叉部分。

➢ 生态农业存在强大的利益冲突。如果肯尼亚计划推行生态农业，在传统农业中拥有既得利益的决策者，或其他反对政策的利益者，会和肯尼亚政府存在利益冲突。

决策者缺乏对生态农业的了解，可能是将其纳入气候变化政策和战略的最大阻碍。一位受访者认为："生态农业在气候变化对话中占有一席之地，但鲜少有决策者知晓或了解生态农业。而且，生态农业并不像气候变化一样一直被人们讨论或拥护。没有人谈论生态农业，也没有人向决策者传授什么是生态农业，生态农业信息也未共享。我认为，如果决策者了解生态农业实践，理解其运作方式，那么就会有关于生态农业的辩论议题，但这可能还需要很长时间。"

政治视角：肯尼亚政治背景分析

本节将分析决策过程中主要利益相关者对生态农业实践的作用、认识、理解和接受度。我们评估了决策者是否理解生态农业方法，以及其如何区别于其他概念，他们是否认为生态农业是一种可行的方法，是否愿意在决策中支持和推行生态农业。

肯尼亚农业及相关政策制定和实施的参与者

焦点小组座谈明确了农业和气候相关政策制定和实施的主要参与者（国家行为体和非国家行为体）。明确的主要国家行为体为农业、畜牧业和渔业部，尤其是政策局。一些案例中，农业、畜牧业和渔业部下属的技术科能制定政策。县级政府部门也希望上级政府能明确政策差距，获得县级实施政策权。

明确的非国家行为体为捐献机构、国际非政府组织、国家非政府组织、大学机构、研究所、开发合作伙伴、私人部门和民间社会组织。诸如捐献机构和国际非政府组织这样的非国家行为体通过明确政策差距、提供资金和科学证据促成政策制定。民间社会组织和国家非政府组织通常参与政策制定和实施，并游说决策者支持政策建议。

表 4-2　肯尼亚决策参与者及其职责

参与者	职责
国家行为体	
农业、畜牧业和渔业部下属的政策局和技术科	• 明确政策差距 • 制定政策的主要参与者

（续）

参与者	职责
县级政府	• 明确政策差距 • 政策一经制定，使其本地化适应本国国情 • 实施政策
国会成员	• 通过或否决政策
非国家行为体	
捐献机构	• 向政策制定和/或实施提供资金 • 提供专业技术
国际非政府组织	• 向政策制定和/或实施提供资金 • 提供科学证据，明确政策将解决的问题范围和本质 • 提供专业技术
大学机构和研究所	• 提供科学证据，明确政策将解决的问题范围和本质 • 提供专业技术
民间社会组织	• 参与决策过程 • 游说决策者 • 将政策总结为农民和消费者容易理解的文本 • 基层政策实施 • 明确政策差距
私人部门	• 明确政策差距 • 为政策制定提供资金
农民组织*	• 政策制定和实施

* 肯尼亚小规模农民联合会；肯尼亚国家农民联合会；肯尼亚农业产业网；肯尼亚乳品局

尽管表4-2列出了参与者的大概职责，但不同参与者的具体职责和议事日程主要取决于正在制定的政策。而且，焦点小组座谈成员提出的两个见解也值得特别关注："肯尼亚缺乏强劲的消费市场，而强劲的消费市场能参与农业政策制定和实施。"以及"农业部下属的政策局制定了适量政策。他们不希望每一个参与者都对政策制定提出建议。"

利益相关者对生态农业的总体看法

访谈和焦点小组座谈表明，生态农业这一术语定义尚不明晰，肯尼亚的利益相关者鲜少使用这一术语，通常和气候智能型农业交换使用，许多参与者都没有将生态农业和气候智能型农业进行明确区分。而且，这表明通常只有肯尼亚农民使用生态农业实践这一术语，尽管大多数是不同的涵盖性术语。只有直接参与推广生态农业的利益相关者（大多数是民间社会组织成员）才能定义生态农业，并将其与气候智能型农业做出明确区分。

其中，大多数利益相关者认为生态农业是一个整体农业过程，包括许多农业实践，如水土综合管理、农作物多元化；在农作物和牲畜生产中利用自然因素和人为因素；强调可持续、生物多样性和人类健康。人们认为生态农业方法有助于社区在建立复原力的同时，适应气候变化带来的影响。因此，生态农业也是一种谋生手段，尤其是在气候模式发生变化时。

大多数调查对象认为，人们仍需研究生态农业的潜在效益，在制定政策前明晰生态农业的定义，详细阐述生态农业实践。即便这样，也并非所有人都认为有必要制定生态农业政策。利益相关者就是否在肯尼亚粮食生产上使用生态农业方法观点各异。一位政府官员认为：

> "农业部支持为农民提供粮食的技术。但我们并未一概而论，仅支持生态农业做法，我们也支持任何能够帮助农民种植粮食的战略。在采用生态农业做法的同时，我们仍赞同使用常规肥料，实现粮食产量最大化。"

但一位民间社会组织代表重申：

> "生态农业也许是应对气候变化的唯一选择，因为它是保护生态系统的一种整体性方法。"

人们普遍认为，气候变化使人们在"一切照旧"的情况下无法正常种植粮食，因此，应纳入气候智能型战略。这将确保农民能生产出养活全球人口的粮食，但同时也需保持警惕，确保不会影响生物多样性，因为生物多样性有助于维持生态农业系统的功能，其中包括气候变化适应力。

气候变化背景下对生态农业的看法

Osumba 认为，气候智能型农业政策在确保农业（包括生态农业）具有系统性和可持续性上拥有巨大潜力。参与访谈和焦点小组座谈的利益相关者也赞同这一结论，他们一致认为，生态农业应纳入气候变化政策对话中。然而，他们的看法是，农业部在解决气候变化问题时并不是只能使用一种措施。解决气候变化问题需要许多策略，生态农业只是其中一种。一位受访者认为：

> "农民已采用了一些生态农业实践以抵御气候变化带来的影响，如轮作、水土保持。尽管生态农业这一概念早就耳熟能详了，但在气候变化会议上仍未对其进行讨论。"

气候不断发生变化，改变肯尼亚农民和其他利益相关者的观念，使他们接受生态农业也许非常困难。另一位受访者认为：

> "在肯尼亚，不管是农民还是决策者，都不喜欢轻易改变，他们只接受自己了解的事物。因此，向肯尼亚人介绍生态农业意味着改变

他们的观念。他们不仅需要考虑农用化学物质和新种子，还要转换视角看待问题。"

随着生态农业潜力的关注度不断增加，普通大众的观念或许会发生改变。在这种情况下，农业政策进程的权力下放具有积极影响。因为每个国家都能参与推广生态农业要素和实践。而且，县级政府可以制定自己的生态农业政策或战略，并将其纳入气候变化政策或与气候变化政策相关联，并使用这些政策影响国家政府。不幸的是，这一想法的实施可能还需要很长时间。一位受访者认为：

"国家决策者的思想被他们多年前在大学里学到的知识所禁锢，因此，他们难以轻易接受诸如生态农业这样的新思想。而且，农业领域的大量资金/奖金都由捐赠者资助，这些捐赠者资助的原因是他们对想推广的事物感兴趣（例如，基因改造等）。因此，在这种情况下，改变人们的思想十分困难。"

另一位受访者表示：

"在考虑如何提高气候变化缓解力时，有几大重要因素：经济、生态和社会，这几大因素正是可持续农业所涵盖的，而生态农业可以推动可持续农业的发展。综上，生态农业有很大潜力纳入气候变化对话之中。然而，生态农业的挑战在于如何量化。此处存在一个关键问题：在实践生态农业时，收益与损失是什么？生态农业应从量化的特殊实践的角度来理解。在气候变化周期中，人们应该像这样报告：他们采用生态农业举措缓解了气候变化对农作物带来的影响，减少了（多少）温室气体排放量，或通过采取生态农业举措，农业产量回弹了百分之几，等等。然而，我们目前只是在高喊推广生态农业，并没有确凿的数据证明其对减缓气候变化的贡献。"

最后，另一位受访者表示：

"生态农业在气候变化对话中的确留有空间，但不应成为主要议程。我们可以制定农业/气候变化政策，生态农业可以成为其中一部分，作为减轻气候变化影响的方法之一。打个比方，我们可以对气候智能型农业稍加修改，让其采用生态农业措施。"

政体视角：制度框架与协调机制
肯尼亚的机制
肯尼亚政策制定和执行
肯尼亚 2010 年宪法引入了权力下放的治理体系，主要目的是为了更方便服务群众。权力下放制度引入国家级与县政府两级治理。目前，农业是我们要移交的服务之一，各县政府已经付诸努力并提出相应计划改善农业。同时，我们也期望县级政府参与农业政策的制定。尽管农业由国家政府移交，但国家农业部在确定政策差距和启动政策制定方面依旧发挥着关键作用。在农业、畜牧业和渔业部，政策局在没有县政府参与的情况下，确定政策差距并制定政策。国家级的其他利益相关者也可以找出政策差距，带头制定政策。正如一名参与焦点小组座谈的组员所述：

> "生态农业发展伙伴（也包括资助机构的成员）可以发现政策差距，并让农业部参与政策的制定。由于这种政策不是由国家驱动的，因此如何执行是一个问题。解决不好这个问题将导致几项政策被改变，甚至被搁置。"

在探寻政策差距的过程中，农业、畜牧业和渔业部的政策局必须解决以下问题：问题的本质是什么？问题的严重程度如何？哪些群体受到问题的困扰？问题是如何产生的，为什么停滞不前？问题形成的直接和间接原因是什么？应该做些什么？（KIPPRA，2015）。

若想成功实施农业政策，就需要对政策实施计划有深刻的了解，这样才能改变农民和其他受影响的利益相关者（如消费者）的想法。然而，在肯尼亚，国家级决策者往往无法参与政策的执行。政策执行由县政府管辖。一项政策一经制定，它就会下放到各县，而各县可能会根据自己所在县的情况对其进行修改。一名参与焦点小组座谈的组员强调，民间社会组织也应在地方一级执行这些政策：

> "政府的工作是制定政策及其实施框架。然而，实际的执行工作留给了当地的其他参与者，如民间社会组织、农民组织、发展组织等。"

利益相关者实现生态农业理想情景的选择

从重点小组的远景规划工作中，确定了肯尼亚生态农业主流化的多个切入点，随着决策者、农民和其他利益相关者愈加意识到生态农业在气候变化面前提供的机会和潜力，这些切入点的数量可能会增加。为了充分发挥生态农业的潜力，各利益相关者可以通过以下方法，实现上一节中概述的理想体制环境：

➢ 审查现有农业政策，制定生态农业行动指南。这可以由政府官员与民间社会组织和非政府组织共同完成。

➢ 与当地社区和农民团体合作。推广生态农业概念，并建立示范农场，供农民学习和分享知识。

➢ 提高农民、政府官员、民间社会组织、消费者和私营部门企业家的能力建设和对生态农业的认识。

➢ 开展研究并提供证据，以表明生态农业有助于保障粮食安全。

➤ 在学校课程中引入生态农业。

➤ 对农业推广人员和其他农业咨询服务提供者进行生态农业培训。

➤ 鼓励私营部门利益相关者投资生态农业。

➤ 给生态农业产品贴标签，并在市场上推广。此外，创造对生态农业产品的需求——与媒体密切合作，营销生态农业产品。

➤ 推广多样化的饮食。这将确保种植更多的作物品种。应该鼓励肯尼亚人探索其他食物品种，以改善他们的营养，增加对其他作物品种的需求。

➤ 推动资助方和发展伙伴将生态农业作为一项议程，以便政府能够轻松调整。

➤ 鼓励生态农业作为一项社会和政治运动：让人们参与进来，帮助说服传统农业系统的商人，例如化肥业和种子行业。

➤ 在肯尼亚不同的生态农业区和文化多样性社区试行和测试生态农业做法。该国气候条件多样，可以支持不同的生态农业做法。应该确定、测试和促进每个地区的潜力，以实现最大效率，而不是从事统一的农业活动，因为这些耕作活动在某些地区并不会实现永续农业。

➤ 分析并解释生态农业，以便农民和不同的利益相关者能够理解它。农民对术语不感兴趣，他们需要简单的做法，以便能自如地在各自农场采用生态农业。

表4-3总结了肯尼亚生态农业政策潜力，以及生态农业政策和战略制定及实施过程中面临的挑战和机遇，旨在应对气候变化。

表4-3 总结：肯尼亚生态农业的政策潜力

挑战	受访者提出的机会
能力和知识	
• 国家一级缺乏制定适当/针对具体国家的生态农业政策的能力，县一级缺乏执行此类政策的能力。 • 缺乏气候变化相关的生态农业知识。 • 主要利益相关者缺乏关于生态农业定义和概念的知识。 • 县一级实施生态农业的工作人员能力有限。	• 将生态农业纳入气候智能型农业战略和实施计划。 • 在国家和县一级进行生态农业能力建设，这是其建立复原力的基础。 • 让了解生态农业和气候变化行动的民间社会和学术机构参与进来，帮助提高对生态农业的认识。 • 开发生态农业课程。
生态农业的优先发展	
• 在国家一级，没有优先发展生态农业。 • 国家一级的决策者缺乏关于生态农业在应对农业部门气候变化方面的重要性的知识。	• 提供基于证据的例子和案例研究，说明为什么生态农业在应对气候变化方面很重要。 • 向政策制定者仔细传达证据，解释为什么生态农业对建立复原力很重要。 • 揭开"生态农业"的神秘面纱——利用宣传策略，强调生态农业对农民的实践和好处。

（续）

挑战	受访者提出的机会
支持生态农业的制度结构和平台	
• 目前，缺乏支持生态农业的体制结构或平台。 • 由于 CSA 战略和实施计划已经到位，引入生态农业可能会造成混乱。 • 在生态农业领域与私营部门和非国家行为体合作可能是一个问题。 • 政策监督和评估系统薄弱；因此，如果制定了生态农业政策，该政策可能会被搁置，永远不会实施。 • 生态农业尚未被推广到能够大规模采用的程度。	• 需要提高对生态农业的认识，以便利益相关者，尤其是农民了解生态农业。 • 让民间社会组织和其他非国家行为者参与推广生态农业。 • 在生态农业对话中动员或鼓励农业私营部门参与。 • 在县一级开始倡导和联盟，尤其是已经接受生态农业的县，然后从这些县向其他县推及。 • 将生态农业纳入已有实施策略的现行政策中。
财政和时间资源	
• 成本太高，而且肯尼亚缺乏制定和实施政策的资源。 • 耗时：制定生态农业政策的过程将很长。	• 将生态农业政策纳入现行政策或战略中，如 KCSA 和 KCSAIF。 • 使用一个试点县（如基安布，该县的生态农业政策已经被接受），以展示利用有限的资源可以做什么。

总体政治潜力：结论和建议

气候变化正成为肯尼亚的一个重大问题，因为它削弱了人们为实现发展目标所付诸的努力，特别是在农业方面。应对气候变化影响的社会意识和政治意愿日益增强，因此，传统农业的系统性替代方案的潜力越来越大。

这项研究揭示了关于肯尼亚生态农业政策潜力的一些见解，并描述了生态农业制度化的现有机会和挑战。

从文献综述、半结构化访谈和实地发展目标中可以明显看出，包括政府官员、政策制定者、民间社会组织、非政府组织和私人部门参与者在内的利益相关者尚未明确理解生态农业的概念。即使对生态农业有所了解的大多数利益相关者也未认可这种农业做法，但是这种做法有助于保障肯尼亚的粮食安全和建立气候变化复原力。

尽管如此，政府官员还是建议将生态农业纳入现行政策和主流战略，如《肯尼亚气候智能型农业战略》及其配套的实施战略和新的农业政策。他们还提议提供补贴和激励措施，支持农民投资生态农业实践。私人部门参与者通常不愿意投资有机农业实践，如大规模生产有机肥料和农药，政府也没有采取激励措施来吸引他们。此外，对生态农业有所了解的政府官员称，农民可能不会接受生态农业，因其特点为劳动型和资源密集型。这两个制约因素可以通过提供补贴和激励措施来解决，以鼓励农民采用生态农业做法。

当前的农业和相关政策不利于可加强社区和社会生态气候变化复原力的可持续粮食体系。此外，目前的肯尼亚可持续农业协定和其他农业政策不太适合实现生态农业的变革愿景，这些愿景得到人类和社会价值基本原则的支持，并促进循环和互助经济。

对农业感兴趣的多个利益相关者共同参与，有助于促进对生态农业的理解和采用。至关重要的是改善证据基础，让决策者了解生态农业在国家和县一级保障粮食安全和营养以及制定气候变化战略的潜力。生态农业主流化的关键步骤和切入点是：

> 与农业和气候变化相关的政策进程与生态农业要素和做法保持一致。

> 目前，肯尼亚正制定农业政策，这为重新评估政策，确保其纳入生态农业提供良机。

> 制定生态农业指南，为不同利益相关者，特别是决策者提供指导和信息、促进能力建设、构建并强化利益相关者对生态农业的认识。

> 提供科学证据并与决策者分享，证明生态农业有助于保障肯尼亚粮食安全和营养。

长期而言，建议实施以下行动计划，确保肯尼亚持续应用生态农业要素：

> 根据现行农业政策制定生态农业战略和实施计划。目前，肯尼亚正起草2019 年农业政策，为实现这一目标提供了机会。生态农业也可以纳入现行的气候智能型农业战略和实施机制，成为主流方法，该机制正在全国推广。

> 将权力下放至县，使各县纳入生态农业实践。梅鲁、基安布、基图伊、恩布及塔拉卡尼蒂等县已经接受生态农业理念。

> 开设生态农业教育课程，以支持推动生态农业实践的农民组织，并对农业推广工作者进行生态农业培训。

4.2.3　技术潜力

方法

根据当地情况明确生态农业系统

如下文所述，可持续创收投资集团（SINGI）和文化与生态研究所（ICE）分别支持肯尼亚西部（布西亚县）和东部（梅鲁和塔拉卡尼蒂县）的农民团体采用可持续农业实践。因此，研究选择这两个机构进行本次生态农业评估。

布西亚县位于肯尼亚西部，农业是该地区的主要经济活动。土地拥有量从小农户的 0.4 公顷到大规模农户的 6 公顷不等，84% 的作物收成用于维持生计（美国国际开发署，2014）。该地区约 36% 的耕地种植玉米，而高粱、木薯和经济作物分别占 10%、14% 和 10%。该地区发生的极端气候事件，如干旱发生频率从每十年一次增加到每两至三年一次，对雨养农业产生不利影响，土壤肥力下降，进一步影响农业生产力（肯尼亚农牧渔业部，2016）。

布西亚县农民认为可持续创收投资集团——社区组织（SINGI CBO）是促进生物多样化的机构之一，该机构通过种植非洲叶菜（ALV），增强可持续性、促进营养匮乏的遗传资源再利用。此外，SINGI 还向农民普及以下几方面知识：①通过堆肥和间作，综合管理土壤肥力和害虫；②使用粪肥、作物残渣、堆肥和生物杀虫剂代替其他投入。鼓励农户使用粪肥和木灰改良酸性土壤，从而增加作物的养分供应。此外，SINGI 鼓励农户应用水土保持技术（抬高的河床、半圆形堤岸、锁孔花园）。通过"农民对农民"培训和示范农场进行技术转让，这些示范农场由农民团体在县内不同地点设立。SINGI 成立于 2005 年，现已壮大至 50 多个团体，平均每个团体有 20 名农民。

塔拉卡尼蒂县和梅鲁县位于肯尼亚东部，农业是该地区的主要经济活动。气候变化（如适温升高）可能导致土壤缺水（肯尼亚农牧渔业部，2017）。该地区主要种植绿豆、小米、高粱、豇豆、木豆、玉米和黄豆（Recha 等，2017）。

在肯尼亚东部，文化与生态研究所（ICE）推动生态农业耕作实践，如使用本地作物品种、农林业复合经营、有机耕作及小农生计多样化。ICE 顺利开展了针对粮食主权的培训项目并产生了若干影响：①恢复使用 12 种本地种子；②为 100 多户家庭建立有效的粮食储存仓；③为 470 户家庭配备集水和储水箱；④至少 800 名农民采用农林间作、梯田耕作、水土保持技术等生态农业实践。

减少工业投入的使用可视为一级生态农业，而用生态农业实践替代传统农业实践可视为二级生态农业（Gliesman，2016；Mier 等，2018）。通过培训和最终采用的实践，农民的状况（在不同程度上）得到改善，加入 SINGI 和 ICE 五年以上的农民处于"生态农业转型阶段"或已处于"生态农业阶段"。

抽样设计

本书基于空间分布对农民进行随机抽样，样本为四个生态农业区（AEZs）的 88 名农民，分布于肯尼亚的三个县（布西亚、梅鲁和塔拉卡尼蒂县）。县域间的分布旨在确保样本在性别、年龄和经济状况方面的异质性最大。样本（农民）进一步分为从事生态农业的农民（$n=44$）和非从事生态农业的农民（$n=44$）（表 4 - 4）。

研究从 SINGI 成员列表中随机选择来自生态农业区 LM1 和 LM2 的生态农业农民（$n=23$），并从 ICE 的农民团体成员列表中随机选择来自生态农业区 LM5 和 IL5 的生态农业农民（$n=21$）（表 4 - 4）。

研究从相同地区（布西亚、梅鲁和塔拉卡尼蒂县）随机选择了非从事生态农业的农民（$n=44$），基于生态农业/气候条件、生计策略和土地所有模式，与从事生态农业的农民进行对比。SINGI 和 ICE 主要培训人员（推广人员）确定了其作业区域内的非生态农业农民名单，随后随机选取参与调查样本。

7 月初，本研究通过调查进行了数据收集，这通常是雨季结束或作物收获时节。根据肯尼亚气象部门对 2019 年长雨季（3—5 月）的回顾可知，季节性降雨具有延迟，时空分布不均（低于平均水平）的特点（肯尼亚气象部门，2019）。

表 4-4　肯尼亚四个生态农业区抽样的农民人数

区域	区域特征		各区农民数量	
	海拔高度（米）	最小年降雨量（毫米）	生态农业农民	非生态农业农民
LM1	1 200～1 440	1 800～2 000	23	23
LM2	1 200～1 350	1 550～1 800		
LM5	<900～1 800	500～900	21	21
IL 5	<900	500～900		
总计			44	44

生态农业区特征：肯尼亚西部，生态农业区 LM1-下米德兰甘蔗区（南贝尔、马塔约斯和布图拉副县采样）；生态农业区 LM2-边缘甘蔗区（特索北部副县采样），在采样副县主要大宗作物是玉米。肯尼亚东部，生态农业区 LM5-下米德兰牲畜-小米区（从 Tharaka Nithi 子县采样）；生态农业区 IL 5-内陆低地牲畜-谷子区（伊姆蒂北部副县采样）（Jaetzold 等，2011）。

肯尼亚农民和牧民气候复原力自我评估和整体评估（SHARP）调查的特殊性

➤ 调查通过三星平板电脑 Galaxy Tab A 展开。

➤ 2019 年 6 月 17 日至 20 日，四名最低具有理学学士学位的普查员接受了 SHARP 工具培训，并于 7 月 1 日至 14 日在研究顾问的监督下展开了调查。

农民和牧民气候复原力自我评估和整体评估的总体结果（SHARP）

尽管三个县位于不同的生态农业区，但它们在 SHARP 评估中的表现没有统计学差异。由于结果的同质性，在不考虑生态农业区的情况下，将 SHARP 绩效差异作为生态农业系统或非生态农业系统进行整体分析。

统计数据分析表明，生态农业组和对照组农民的平均总 SHARP 得分存在显著差异（$P<0.001$）。从事生态农业的农民平均得分比非从事生态农业的农民高 5.2%（表 4-5）。

从事生态农业的农民（59.9%）和非从事生态农业的农民（54.7%）的复原力得分表明，系统气候复原力处于中等水平，这意味着农民具有一定的能力和知识来抵御意外冲击和气候变化。然而，仍然需要进一步强化其适应气候变化的能力（Hernandez Lagana、Nakwang 和 Muhamad，2018）。

对于生态农业系统复原力指标，13 项生态农业系统指标中有 7 项存在显著的统计学差异，其中从事生态农业的农民的得分高于非从事生态农业的农民（$P<0.05$）（图 4-2）。

表 4-5 抽样农民的 SHARP 数据得分汇总

变量	农民类型	样本号	平均值（%）	最小值（%）	最大值（%）	标准差	变异系数（%）
SHARP 得分	从事生态农业的农民	44	59.9	43.8	75.9	±7.1	10.7
	非从事生态农业的农民	44	54.7	40.2	67.7	±6.6	10.3

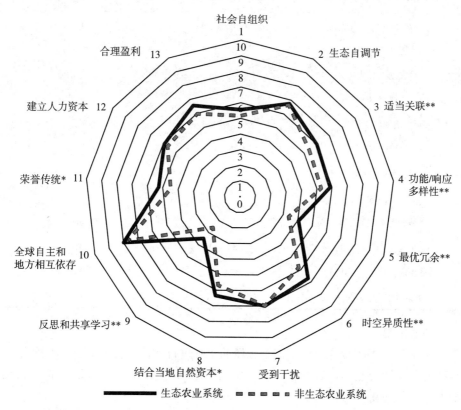

图 4-2 生态农业和非生态农业的 13 项气候复原力指标平均得分

通过 t 检验确定的 13 项复原力指标中有 7 项存在显著差异，表示为 * $P<0.05$，** $P<0.01$，*** $P>0.001$。与非生态农业系统相比，生态农业系统的所有复原力指标平均得分更高，且存在统计学差异。

在子指标水平上，92 个子指标中有 12 个的平均得分存在显著差异（$P<0.05$）。在这 12 个子指标中，从事生态农业的农民在 11 个方面的平均得分较高。在模块层面上，从事生态农业的农民的 36 个模块中有 6 个模块的平均得分显著高于非从事生态农业的农民。

优先级排序

根据表 4-6 所示的优先顺序评估（SHARP 工具根据生成的每个模块的技术、充分性和重要性得分自我评估的重要性），从事生态农业和非从事生态农业的农民都将类似模块确定为优先顺序，分享前 20 个干预模块中的 15 个。

表 4-6　基于每个模块的技术、充分性和重要性得分，对生态农业和非生态农业系统
　　　　进行优先级评估（最高优先事项位列表端，最低优先事项居于表末）。得分
　　　　最低的模块须列为最高优先事项且需要干预

SHARP 农场系统模块	生态农业农场系统	非生态农业农场系统
保险	1	1[a]
动物育种实践	2	2[a]
非农创收活动	3	7[a]
取水	4	4[a]
土地使用权	5	8[a]
豆科植物和树木	30	32
动物营养与健康	31	30
决策（家庭）	32	33
金融服务获取	33	36
主要生产资产	34	31
信息和通信技术（ICT）	35	34
决策（农场管理）	36	35

领域结果

此外，SHARP 结果还根据四个领域的水平进行评估：农艺实践、环境领域、经济成分和社会互动，如图 4-3 所示。根据技术得分（4.3~5.9），农民表现出中等水平的复原力。

在农艺实践领域（$P<0.001$）中观察到了显著差异，该领域涵盖了农业生产、作物生产、间作、害虫管理、动物生产、动物健康和营养、新品种和品种、树木和信息获取等模块。

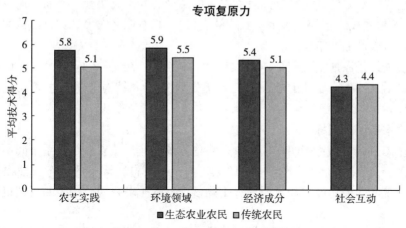

图 4-3 四个领域的平均技术得分

具体结果：生态农业系统复原力指标

本章将具体分析生态农业系统复原力指标的结果。

社会自组织指标

社会自组织指标可评估农民组成基层网络和机构（如合作社、农贸市场和社区可持续发展协会）的能力。这两个农场系统间并无显著差别。生态农业农民和非生态农业农民获得的公共土地资源和资金支持是相似的。

为评估该组织进入当地农贸市场的情况，这一指标考虑到两个可测变量：①住所到市场的距离；②获取市场价格信息的渠道。然而，必须强调的是，可以使用多种指标替代这一指标（Chamberlin 和 Jayne，2013）。

指标表明，大多数农民到当地农贸市场的距离都在 10 千米内。这一发现与 Chamberlin 和 Jayne（2013）的一项研究不谋而合。研究表明，农民住所到市场的距离大约为 850 米。这意味着，即使是缺少如全天候道路和电力等基础设施的偏远村庄，仍有大量小商贩竞相购买当地粮食，村民选择在农场门口售卖过剩谷物。农民住所靠近农贸市场意味着本地食品运动规模较小，与地区或国家层面的大型团体相比，对本地团体的条件变化适应性更强，更具复原力（Cabell 和 Oelofse，2012）。

我们发现两组农民在市场定价决策方面存在些微差异：48%的从事生态农业的农民和58%的非从事生态农业的农民根据市场价确定产品价格。Alene 等（2008）认为，肯尼亚的价格信息大多公布在报纸上，并且只针对大型市场，而大多数农民无法接触大型市场。这导致农民依靠当地集会市场获取信息或让主要经销商/买家设置价格。农民反映，市场价格波动较大，粮食大丰收季节收益较低，这直接影响收入，也间接影响农民复原力。

合作社的好处是组织农民成为强大的生产者和市场协会。然而，调查样本共有 88 位农民（皆为从事生态农业的农民），只有三名农民宣称自己依赖合作组织设置农产品的市场价。

优先级排序评估表明，两组农民团体对团体成员子指标的优先级排序相近，针对从事生态农业的农民团体，优先级为 21，针对非从事生态农业的农民团体，优先级为 17。

生态自调节指标

生态自调节指标表明，生态农业耕作系统和非生态农业耕作系统间不存在显著差异。Cabell 和 Oelofse（2012）认为，一个自我调节的生态农业系统由生态系统的服务功能（如水循环、生物多样性和土壤资源）产生的反馈机制进行管理。

研究采用子指标自我调节机制，如土壤健康、环境友好型能源、生态系统工程师（缓冲区）、生物多样性（多年生植物和树木）、当地动物品种和农作物品种的利用情况、施肥技术和豆科植物。子指标显示两个耕作系统间也无明显差异，因为大多数从事生态农业的农民（90%）和非从事生态农业的农民（88%）都利用了当地动物品种和农作物品种。而且，所有的从事生态农业的农民和 95% 的非从事生态农业的农民（分别）种植了多年生作物，而这两种耕作系统都根据农场的树木种类采用了农林复合经营。传统的树木品种对易损性具有很强的抵御能力/缓冲能力，可在疾病、虫害、干旱和其他情况下提高收成的安全性（Altieri，2009）。

由于抽样调查地区缺乏废物管理服务，人们发现农民使用合成农药后通过焚烧、土壤掩埋或丢入坑厕的方式处理农药瓶。农药废弃物处理不当可能导致生物多样性丧失、土壤污染和健康风险。根据优先级排序评估，两个农业系统都高度重视（优先评级为 11）农业投入。

适当关联指标

生态农业系统和非生态农业系统间存在明显的统计差异（$P < 0.01$），从事生态农业的农民得分（6.1%）更高（图 4-2 和表 4-5）。适当关联指标是生态农业系统的一种复原力指标，也是农业系统内部在空间和时间尺度上的动态关系和协作的一种衡量指标（Cabell 和 Oelofse，2012）。

农场/田野层面的关系涵盖了生物相互作用的各个方面，例如，通过养分循环、捕食者/猎物相互关系、竞争、共生和演替变化实现植被生长（Altieri，2002）。除了农场层面的联系外，还包括农民、供应商、农民伙伴和消费者之间的现有关系网。与多个供应商、经销店和农民伙伴的联系确保农业系统内的非必要性和持续功能，以防其中一方的联系被切断（Cabell 和 Oelofse，2012）。为核实这些合作情况，我们审查了子指标，包括信息获取（市场价格、天气预报和气候适应性实践）、多个农业投入供应商、市场准入、兽医服务和社区成员之间的信任度。

其中一个农场层面的关系由子指标"间作"评估，而且两个农场系统间无明显区别。这也许意味着肯尼亚小农户的非生态农业农场并非只种植单一作物。Adamtey 等（2016）认为，非洲撒哈拉以南地区小农户经营的非生态农业农场包含玉米混作，为了维持生计和营利，他们种植不止一种作物。而且，据观察，从事生态农业的农民采用间作也是促进作物多样化的一种手段。

在外生关系层面（农场层面之外的联系），"获取信息"和"进入市场"两个子指标观察到两个农场系统存在明显不同。相比之下，从事生态农业的农民获取气候适应性实践和气候变化信息的渠道更多。

气候变化适应性和气候变化的信息获取渠道通常来源于非政府组织（如文化与生态研究所/可持续创收投资集团）的推广服务。过去针对肯尼亚农业信息资源的研究（Goldberger，2008）表明，非政府组织是获取生态农业和有机农业等可持续方法的最重要的农业信息来源。这些信息通过正式研讨会、曝光访问、示范农场和与非政府组织工作人员交谈来获取。从事生态农业的农民学习并用于实践的有机农业技术包括抬高河床、mandala、厚料层和锁孔厨房，这些技术对水资源保护至关重要，有助于增强农业的气候适应力。获取这些推广服务增加了采用不同气候智能型/适应性实践的可能性，有助于农民抵御气候变化（Belay 等，2017）。

市场准入由适当关联指标评估，即农民按需售卖农产品和使用认证计划提高产品价值的能力。平均分表明，与非从事生态农业的农民相比，从事生态农业的农民出售农产品的概率更高。然而，据观察，两组农民中，只有 7% 的农民参与了认证计划。农民列举了没有参加认证计划的各种原因，其中最主要的一个原因是认证计划中不包括他们种植的农产品。

根据优先级得分，从事生态农业的农民认为，与非生态农业农场系统（排名 28）相比，社区合作（排名 16）优先级更高。这也符合生态农业原则：社区成员彼此互联，实现知识共享和共同解决问题是加强可持续性和复原力的关键。

功能和响应多样性指标

据观察，这一指标下，从事生态农业的农民和非从事生态农业的农民（$P < 0.01$）的平均得分具有明显差异。功能和响应多样性指标使用子指标进行评估，如作物品种、树种和动物品种的多样性；农业生产活动；粮食、景观和肥料投入；资产；非农场创收活动；团体成员资格；病虫害管理措施。其中，两组农民在物种多样性（$P < 0.001$）和团体成员资格上（$P < 0.01$）存在明显差异。

69% 的从事生态农业的农民生产的作物多样性较高，因为他们倾向于在同一系统中混种季节作物和多年生作物（通常超过五种季节性作物和多年生作物），而非从事生态农业的农民中只有48%生产的作物多样性较高（图4-4）。Folke（2006）认为，生物多样性是生态系统维持复原力的关键要素，因为生物多样性有助于提高生态系统抗干扰、再生和再组织的能力。与生物多样性一样，经济和社会多样性对气候复原力也很重要，因为他们能在农场系统的某些方面遭受危害时提供缓冲。

从事生态农业的农民采用的作物多样性实践可能会得到非政府组织和社区组织群体的支持，同时他们也传播了与气候风险有关的意识。实际上，从事生态农业的农民似乎比非从事生态农业农民的适应能力更强。

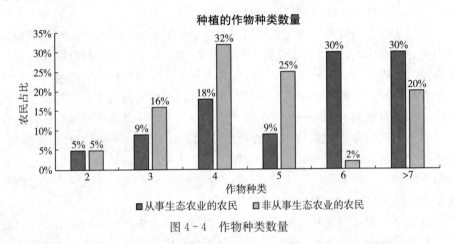

图4-4 作物种类数量

人们也指出，与非从事生态农业的农民相比，从事生态农业的农民是多个团体的活跃成员。这两个农民团体都认为，非农业活动的额外收入和多样化收入是实现家庭粮食安全和增强复原力的十大优先级之一（子指标未显示统计差异）。

最优冗余指标

最优冗余指标旨在确保生态农业要素发挥多种功能，因为在生态农业系统中，多种要素也许只具有单一功能（Cabell和Oelofse，2012）。实际上，生态系统冗余作为后备力量，可确保任何要素在面临冲击时仍保持运转。从事生态农业的农民和非从事生态农业的农民（$P<0.01$）在这一点上存在显著差异。冗余指水资源、能源、营养物质、种子和资金等多种资源的获取；获得土地；多种作物和动物品种；动物营养；粮食储备和谷物银行（见框架3）。这些子指标中，最重要的指标是品种多样性，它体现了农民拥有和种植的品种数量（$P<0.01$）。与作物多样化类似，从事生态农业的农民也更依赖多种传统作物和动物品种。

研究发现，样本中农民拥有的私人土地平均面积为1.47公顷。农民在公用地放牧和进行其他农业活动的机会很少，只有17％的农民有机会使用农业共用地，23％的农民拥有牧场。扩大农场规模有利于实施生态农业战略，农民倾向于种植大量饲料树，并将农作物种植与畜牧业生产相结合，从而发生生态冗余，有助于生态农业系统的复原力建设。同时，还为作物多样化提供了机会，从而分摊了与气候变化相关的风险。这证实了 Alene 等人（2008）的假设，即人均土地使用权的小幅增加（1％）将使农民的市场参与度提高11％。市场参与度的提高将加强当地粮食运动的多重网络，并增加农民个体收入，有利于提高气候复原力。

➲ 框架3　谷物储存仓

　　图为生态农业农民组织的种子库。该设备由 Biovision 基金会和文化与生态研究所非政府组织提供。一位农民表示：此设备使种子的储存时间最高长达至三年，这比放在麻袋里更有效。种子粮仓对农民来说也很有用，不仅可以为下一个种植季节储存种子，还可以在长期降雨时作为紧急粮食。农民没有积极参与使用谷物银行，但他们指出了谷物银行在稳定市价或作为信贷来源方面的潜力。如果谷物银行由农民团体建立，那么在紧急需求期间，农民可以抵押种子，向其他农民借钱，而不会因紧急和意外需要，以极低的价格出售种子。

　　根据优先等级评估，两个农民群体都表示土地是一个主要优先事项（从事生态农业的农民和非从事生态农业的农民分别将其排在第5和第8位）。

时空异质性指标

　　本指标考察了农场系统和系统整体的不协调性，包括与农业活动之间和内部的多样性以及资源管理做法和景观多样化等方面。

从事生态农业的农民具有显著的时空异质性（$P < 0.01$），与非从事生态农业的农民相比，从事生态农业的农民更常用农林业复合经营、轮作和粪肥/堆肥等土地管理做法来增加时空异质性。

这可归因于从事生态农业的农民接受过农民对农民的培训，更容易获得技术诀窍，从而传播并采用这些技术。与非生态农业系统相比，采用以上技术加强了生态农业系统内的适应性管理。根据优先等级评估，与生态农业农场系统（排名 28）相比，非生态农业农场系统学习土地管理做法（排名 12）的优先级更高。从事生态农业的农民团体还表示，通过种植更多的多年生和季节性作物品种，作物的混合比例更高。

受干扰指标

从事生态农业的农民和非从事生态农业的农民在该指标方面没有显著差异，这意味着两者暴露于干扰的程度相似。在子指标一级，干扰因素为杂草管理、气候相关因素、缓冲区因素、害虫管理因素、动物疾病因素、水土质量和外部资金支持因素。由于地理环境相似，研究发现：在气候相关事件中，生态农业组与非生态农业组都经历了相似干扰，如降雨变化等，因此这一复原力指标无差异。这些发现与 Heckelman 等人（2018）的一项研究类似，该研究发现生态农业组与非生态农业组都经历了多次小规模扰动。因此两组的水稻系统之间没有显著差异。

结合当地自然资本指标

与当地自然资本相结合的指标是对系统回收和再利用废物的能力的评估，并鼓励系统量入为出（Heckelman，Smukler 和 Wittman，2018）。

它是根据土地改良做法（使用技术改善时空异质性、种植豆科植物和树木、使用天然肥料）、能源和水资源保护做法、水质、虫害管理做法、农场内树木的增加/减少趋势来衡量的。虽然研究发现，两组农民使用土地改良管理做法上存在显著差异，但在施肥做法、豆科树木生长和害虫管理做法方面并无统计差异。最终，由于土地管理差异，两组农民在与当地自然资本相结合的指标中也存在显著差异（$P < 0.05$）。

通过对农业系统所使用的投入类型进行评估，研究发现，大约 50% 从事生态农业的农民使用天然肥料，而非从事生态农业的农民使用天然肥料的比例为 18%。与从事生态农业的农民（41%）相比，非从事生态农业的农民大多混合使用天然肥料和合成肥料（57%）（图 4-5）。总体而言，更多从事生态农业的农民使用作物和农场残留物、堆肥和粪肥进行施肥，提高适应能力，将废物转化为资源，有助于保护自然资源基础，提高气候复原力和农业系统的可持续性。

使用合成农药的从事生态农业的农民比例为 30%，而非从事生态农业的农民比例为45%。两个农场系统的生物农药使用情况有可比性（生态农业系统和非生态农业系统分别为9%和7%）。从事生态农业的农民较少使用合成农药，更倾向于使用生物农药和其他方法控制害虫，这反映了两组农民对环境质量和土壤健康影响的认识水平。改变外部投入方式不仅可以实现生态农业转型（Gliessman，2016），而且还意味着农民可以依赖自然系统进行自我调节，使其更具复原力（Cabell 和 Oelofse，2012）。从事生态农业的农民（第12位）和非从事生态农业的农民（第13位）都将虫害治理措施排为首要任务之一。

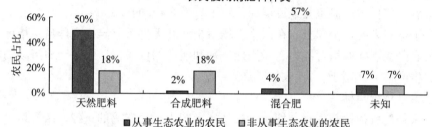

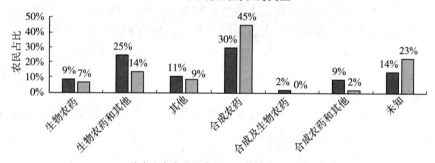

图 4-5 合成肥料和天然肥料的使用情况对比

（在生态农业组，约55%的农民使用天然肥料；而在非生态农业组，这一比例仅为18%）

反思和共享学习指标

农业团体的活跃成员提供了一个反思和共享学习平台，从而提高了农业系统参与者的适应能力。参与者（农民）能够根据经验而不是目前的条件预测未来。因此，适应能力将渗透到系统（农场）本身（Cabell 和 Oelofse，2012）。SHARP方法试图通过获取与团体成员资格、获取信息以及在经历预期和意外冲击后改变行为相关的问题来实现这一点。

两种农场系统之间在反思与共享学习指标上存在显著差异（$P < 0.01$）。

在子指标一级，与非从事生态农业的农民相比，从事生态农业的农民在农业相关群体中的参与程度明显更高（$P<0.001$）。

同时，从事生态农业的农民获取天气预报信息的方式也更多（$P<0.05$）。这也意味着从事生态农业的农民能更好地规划农业活动，以便形成适应性规划，达到更高的复原力水平。

全球自主和地方相互依存指标

全球自主和地方相互依存指标表明，两个农场系统间并无明显差异。依赖外源控制（如全球市场、农业生产法规和补贴）往往会降低农业系统的复原力和适应能力（Cabell 和 Oelofse，2012；Milestad 等，2010）。因此，复原力系统虽然全球自主，但也在地方层面建立了有效合作和互联。

子指标表明，全球自主在两个农场系统间并无显著差异。全球自主指标评估了农民在当地的培育能力、对当地物种和能源的依赖性、到达当地市场的路径、生产目的（用于出售/农场生产）。

荣誉传统指标

荣誉传统指标指保存并使用传统和本土知识管理农场的一种方法。这一指标基于子指标评估，如社区老年人的参与度、传统知识的保护、习惯机制、树类产品、疾病管理和新品种的使用。

显然，从事生态农业的农民在荣誉传统指标中得分更高（$P<0.1$）。子指标表明，从事生态农业的农民在农业生产和人为使用上对树类产品的整合度更高。通过农民联合团体对传统知识的转化，农民更倾向于用树作为自然疗法、除害药物和土壤肥料。

建立人力资本指标

人力资本指标指"通过社会关系和资源提升家庭幸福感和增加经济活动；改善技术、增加基础设施、提高个人技术和能力、维护社会组织和规范，以及各种正式的和非正式的关系网的人力资本系统"（Cabell 和 Oelofse，2012；Heckelman 等，2018）。

研究表明，从事生态农业的农民和非从事生态农业的农民在人力资本指标方面并无显著差别。子指标通过社会资本、动物护理、教育、家务平等、信息与通信技术设备所有权、家庭健康等方面评估人力资本。显然，在生态农业区 LM2，非从事生态农业的农民在社会资本方面得分明显高于从事生态农业的农民（$P<0.05$）。社会资本由社区在特定季节的关键时期对节假日的组织能力进行评估（例如，收获季、种植季、开花期）。生态农业区 LM 2 的非从事生态农业的农民认为，收获季的节庆活动与所在地的宗教庆祝活动密切相关。

合理盈利指标

这一指标旨在评估农民和农业工作者依靠农业和其他非农业活动谋生的比

重，以及了解是否农业部门不依赖扭曲补贴也能盈利。研究从财政支持、收入来源、市场准入、自有资产、保险、存款和作物收获后处理方面评估利润率。

研究表明，从事生态农业的农民和非从事生态农业的农民在"合理盈利"指标上并无明显差异。

调查模块和子指标表明，两个农业系统在保险方面的平均得分最低（附录4），同时农民也将保险视为最高优先级事项。农民抱怨说缺乏购买保险的途径。

研究评估了农民的自有生产资产，发现从事生态农业的农民和非从事生态农业的农民的人均自有生产资产数额［图4-6（a）］和自有资产类别［图4-6（b）］相差无几。两组农业系统中最常见的自有资产为土地和家畜。

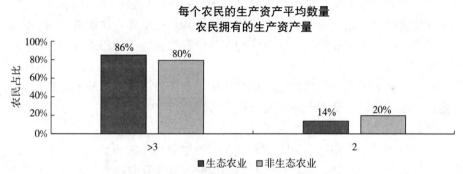

（a）86%从事生态农业的农民和80%非从事生态农业的农民各自拥有三种以上资产

图4-6（a） 从事生态农业和非生态农业的农民拥有的生产性资产数量

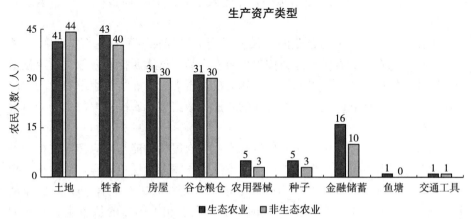

（b）从事生态农业的农民和非从事生态农业的农民最常见的资产包括:土地、牲畜、基础设施（房屋和谷仓粮仓）

图4-6（b） 农民拥有的生产资产类型

研究发现，在不同市场中，生态农业农场每公顷土地的收入都较高，例如，在美国，生态农业区的 2 公顷土地的产量和出售粮食获得的收入比非生态农业区的更高。由于杂草、昆虫和病害造成的损失减少（因为存在多个物种），对水、光和养分资源的有效利用率提高，与单一栽培相比，混种栽培单位面积产量更高，增加的产量为 20％至 60％不等。然而，高盈利源于农民与消费者的共同努力（农民与市场直连）和当地有机产品的高额售价（Altieri，2009）。

研究发现，尽管从事生态农业的农民收获的产品更多，但他们与非从事生态农业的农民获得的利润和收入相差无几。每公顷收入不高的原因在于农民与市场缺乏团结，市场价格波动大，而农民又十分依赖市场价。农民与农民关系网政策将设立产品价格，这将促进贸易公平，农民也会获得更高的收入，建立气候变化复原力。这也表明，有必要建立循环和短途市场，使消费者与农民联系更紧密。与生态农业农民一同工作的非政府组织也应实施相关计划，使消费者了解生态农业产品的重要性。

农民也认为需要为产品增值，提高售价。农民使用简单的基础设施，如社区内的玉米磨坊，碾磨农产品，提高产品市场价。

结论

研究采用了粮农组织的 SHARP 方法，对生态农业农场系统和非生态农业农场系统进行对比评估，发现两者具有不同的气候变化复原力。通常，从事生态农业的农民对气候变化的复原力更强，平均分比非从事生态农业的农民高 5.2％。该评估基于社会生态系统的 13 项生态农业系统复原力指标（Cabell 和 Oelofse，2012）。在这 13 项指标中，生态农业系统有 7 项指标高于非生态农业系统。

研究发现，从事生态农业的农民在适当关联指标方面存在极高的统计差异。从事生态农业的农民有能力按需出售农产品，这表明他们获取气候变化适应实践和天气预报的渠道以及进入市场的机会更多。与非从事生态农业的农民相比，参与认证计划的从事生态农业的农民人数更多。农民获取信息的渠道大多来自非政府组织。

从事生态农业的农民与非从事生态农业的农民的功能与响应多样性指标平均分也存在显著差异。从事生态农业的农民的作物多样性更丰富，因此这一指标得分较高。种植五种以上作物的从事生态农业的农民至少有 69％，而非从事生态农业的农民中只有 47％。同时，加入农业相关团体的从事生态农业的农民也更多。

研究发现两组农场系统在最优冗余指标方面也存在显著差异（$P<0.01$）。最优冗余指作物和动物品种的多样性。从事生态农业的农民通常种植多种作

物，平均每类作物种植一种以上。

但是，农民在公有土地放牧和进行其他农业活动的机会较少。研究发现，仅有17％的农民有机会使用公有土地，23％拥有牧场。因此，需要对公用土地采取干预措施，这也清晰地表明了优先次序（土地使用权排名第一，农民获得更多土地，这对收入也有积极影响）。

研究发现，从事生态农业的农民在空间与时间异质性上得分也更高（$P<0.01$）。从事生态农业的农民采用了作物轮作、梯田和防风等土地管理措施，作物的空间分布更多样，农场系统的时间异质性也更高。景观中的异质性也提供了更多栖息地，促进了动植物品种的多样化。景观受益于多样化的动态关系，提供生态系统服务，创造了一个对气候变化抵御能力更强的农业系统。

研究发现，由于从事生态农业的农民和非从事生态农业的农民存在土地管理差异，两者在结合当地和自然资本指标上也存在统计差异。显然，从事生态农业的农民使用外部投入替换的比例更高。统计发现，50％的从事生态农业的农民使用天然肥料，而非从事生态农业的农民只有18％；从事生态农业的农民使用合成农药的仅有30％，非从事生态农业的农民却有45％。

尽管如此，农民仍表示急需更多的指导和帮助，以自制追肥和生物农药，摆脱对外部投入的依赖。干旱生态农业区的农民则表示急需基础设施（如灌溉或获取地下水资源），以便在降水量变化的情况下保障粮食收成。今年干旱地区降雨量低于平均水平，水资源便成了关键限制因素。当前取自河流的灌溉用水引发了下游水冲突，因此，制定公平且可持续的灌溉计划迫在眉睫。

研究发现，两个农场系统的反思与共享学习指标存在显著差异（$P<0.01$），AP/FFS小组中从事生态农业的农民参与度更高，也更容易获得非政府组织提供的推广服务。

从事生态农业的农民荣誉传统指标得分明显更高（$P<0.01$）。子指标表明，从事生态农业的农民在农业生产和人为利用方面对树木产品的整合程度较高。由于农民通过联合团体转移传统知识，他们更有可能使用树木作为自然疗法资源、杀虫剂和土壤肥料。

根据农民对农场资源的优先级排序，两个农民群体都较难获得公共土地资源、金融服务和保险，其限制性与脆弱性展露无遗。

4.2.4 社会案例研究：农民社区看法

基于文化与生态研究所（Mburu，n.d.）开展的参与式绘图活动，我们提供了农民和农民社区对气候变化的看法及其主要应对策略的额外信息，以补充SHARP评估的成果。参与式绘图是一种简单的可视化工具，旨在帮助社区思考生态系统并建立共识，为改善基于社区的自然资源治理奠定基础。

方法

该地图涉及 Kathita 河沿岸 SHARP 评估中的 8 个社区，包含 120 名社区成员。他们分成小组，绘制了三张地图：一张过去的地图延续了以前的传统；一张现在的地图强调了现有挑战；一张未来的地图表达了理想远景。（见附录4）。长者知识储备丰富，带领社区成员们绘制过去的地图。这三张地图有助于社区对环境变化和面临的挑战进行批判性思考。社区成员向长者请教如何绘制过去的地图，并共同探索他们所设想的未来地图。

为了将该地图纳入当前气候研究，2014 年，参与式绘图的主要推动者参与另一场气候焦点小组座谈会，提出的问题摘录并改编自 Valdivia‑Díaz 等人。

成果

本次调研体现了过去与现在的地图和日历之间的鲜明对比。当前地图显示，随着时间推移，生态系统栖息地遭到破坏，与会者们认为，该河流面临着严重的缺水威胁。利用未来地图，与会者设想在未来将河流恢复到类似于过去地图上绘制的状态。

同时，该组织以土地所有者关系为主，强调了可能存在的紧张关系。土地所有者可能将恢复性活动视为农场入侵。违反现有取水指南以及安装非法取水点的农民也可能会抵制该活动。

Kathita 河流退化的起因是土地裁决时没有将土地分配给社区，而是给了个人。在这种情况下，社区成员无法进入这些私人领域进行活动，这增加了土地的脆弱性，而传统生态法无法由私有财产的保管人执行，这也影响了传统生态法的使用。其次，土地所有者未能保护河岸区域土地，肆意进行农业和放牧活动，导致河岸遭受严重的土壤侵蚀。社区认为，传统入会和氏族治理制度弱化是导致青年不同程度地融入土地保护制度的罪魁祸首。此外，水资源管理局未能强化执行关于从 Kathita 河取水的政策指导方针。许多非法取水点安装以及合法取水点违规等问题的综合影响导致河流水量显著减少，使整个系统更容易受到气候变化的影响。

随后，气候焦点小组座谈会强调，2018 年起持续至今的长期干旱可能与气候变化有关，导致一些地区连续两年完全歉收。座谈会明确指出，虽然所有地区都受到气候冲击的影响，但河流和森林等受保护和重新造林地区能够保持良好的湿度，因此，具备一定程度的气候变化复原力以应对气候变化引发的干旱。（这是因为它们位于山谷中，那里的水汇集在一起，地下水位很高，树木起着液压泵的作用）。此外，由于良好的保护性植被覆盖，现有土壤不易受到侵蚀，因此具有较高的蓄水能力。然而，由于过度放牧，其他地区的农牧业者倾向于将牲畜带到河边，增加了这些地点的压力，导致了土壤退化和污染。高地过度放牧导致土壤污染和侵蚀，对河流产生威胁。

地图清楚地表明，这些社区的生计很大程度上依赖生态系统服务，特别是：提供（干净的）水资源、草药、建筑材料、薪材、放牧资源、授粉和自然疗法（传统医学规定去森林）。然而，由于陡坡地区过度耕种与放牧，土壤侵蚀十分严重，这些服务受到影响。为了解决威胁社区生计基础的根本问题，社区保护团体正率先采取以下措施，以实现未来地图的愿景。

社区认为，退化森林、河岸和公共土地的重新造林至关重要。首先，种植番泻叶、苦楝、印棣等物种以控制土壤侵蚀。此外，修建梯田，用作物残渣制作石线和垃圾线，以促进渗透并最大限度减少雨水径流。同时，经验丰富的人建议恢复地方资源治理，重新使用传统资源，避免使用未经授权的资源及从稀缺自然资源中提取的木材、沙子和木炭。保管人联盟的成立是测绘工作的关键成果，旨在巩固并扩大参与者在保护和承认圣河 Kathita 的运动中的影响力。

结论

通过对比过去和现在的地图，不难发现，在过去几十年中，生态系统严重退化，生态系统服务减少。气候焦点小组座谈会强调，该地区虽受到气候冲击和持续干旱的影响，但河流和森林等保护区的复原力有所提高。为了实现未来愿景地图，主要社区和合作伙伴组织 ICE 表明，"只有采取综合的生态农业举措，才能弥补两张地图之间的差距"（肯尼亚塔拉卡生态文化测绘研讨会，2011）。

为了解决威胁农民基本生活的根本问题，社区保护组织需要推进生态农业措施，这些措施与粮农组织的全球知识产品（GKP）高度一致，倾向于改善可持续生计框架的五大资本，是气专委（IPCC）定义的适应能力的决定因素（第 1.3 章）。由于气候变化对肯尼亚造成潜在威胁（包括更频繁的周期性干旱），社区采用的可持续土地管理措施、重新造林以及多样化（如养蜂）等生态农业方法，已显示出社区应对这些挑战的复原潜力。由于缺乏资金和知识，要实现这一转变并缩小综合生态农业知识差距，需要外部的鼓励以及改善资源治理的政治支持。

4.3 塞内加尔案例成果研究

4.3.1 当地情况

塞内加尔的气候包括雨季（南部为 6 月至 10 月，北部为 7 月至 9 月）和旱季（通常为 11 月至翌年 6 月），持续时间向北逐渐缩短。冬季温度略低于 16℃，夏季通常高于 40℃。该国在旱季受到海上信风和西非海岸燥风的影响，其平均降雨量为 687 毫米/年。厄尔尼诺事件与萨赫勒地区的干燥气候有关，拉尼娜会降低温度（粮农组织，2005b；McSweeney，New 和 Lizcano，

2010)。塞内加尔的气候状况包括：半干旱气候（BSh）、干旱（BWh）和热带稀树草原气候（Aw），其草地稀树草原、热带雨林和树木稀树草原生物群落十分发达。年降雨量小于 50 毫米的结构性降水不足区域被定义为干旱区。半干旱气候下的降水量比潜在蒸散量少。

塞内加尔六大生态农业区中，我们特别选取了尼亚伊和东塞内加尔作为技术潜力分析对象（表 4 - 7）。

表 4 - 7　塞内加尔生态农业区及其特点

塞内加尔河谷	该地带长约 15 千米，由一系列冲积平原和沙质高地组成，覆盖圣路易斯和马塔姆地区。
林牧区	该地区位于塞内加尔河谷以南，是该国主要的畜牧区。降雨量非常少。牧草资源稀少，退化严重。
尼亚伊地区	该地区沿大西洋海岸延伸 5 至 10 千米，人口高度集中，是该国主要的园艺区。它正面临城市化、土地保有权与水资源相关问题的挑战。
花生盆地	该盆地北部由 Thies、Diourbel 和（部分）Louga 地区组成，南部由 Fatick、Kaolack 和 Kaffrine 地区组成，近几十年来遭受着严重干旱，导致生态系统退化，土壤肥力严重下降。花生危机（2002/2003 年）加剧了该区域的灾情。
卡萨芒斯	该地区降雨丰富，有旱稻、水果生产、谷物、棉花（卡萨芒斯上游）等多样化传统农业。
塞内加尔东部地区	包括塔姆巴孔达（库萨纳所在地）和凯杜古地区，以高产的棉花和谷物而闻名。

塞内加尔 70% 的人口从事农业，占国内生产总值的 17%。森林覆盖率约为 43.8%，农业覆盖率约为 46%，其中 17% 以上为耕地。塞内加尔的农业由小型家庭农场主导（占该国农业用地的 95%，从业人口占该国人口的 80%），这些农场依赖传统雨养农业和村庄代表性农业活动。在雨养区和旱作区分别可以找到畜牧系统和混养系统（尽管灌溉的农业用地不到 5%）。除了多用途家庭农业之外，商业型农业也正在兴起。这些农场位于尼亚伊地区的达喀尔市郊地区，专门从事园艺和集约畜牧业。它们也开始出现在塞内加尔河三角洲地区的灌溉区。然而，除园艺和家禽外，它们在农业生产和出口中的份额仍然很低。他们雇佣了 1% 的工作人口，控制着 5% 的农业用地。

农业以经济作物（花生占 21%，还有棉花和部分园艺产品）和粮食作物（主要包括谷物和小米，占 20%）为基础，畜牧业（29%）和渔业也发挥重要作用。尽管如此，该国近 70% 的粮食需求仍依靠进口，主要包括大米（主食，进口大米占比 65%）、小麦和玉米（国际热带农业中心/美国国际开发署，

2016）。由于本国粮食依赖全球市场，粮价波动，家家户户愈发脆弱。（世界粮食计划署，2014）。

2013 年，塞内加尔人类发展指数（HDI）在 186 个国家中排名第 154 位，粮食不安全仍然是塞内加尔持续关注的问题。

农业面临的挑战和气候变化的影响

尽管受到气候变化的影响，但保障和改善脆弱群体的粮食安全和营养是塞内加尔如今面临的关键挑战。该国将农业和水资源部门列为国家自主贡献中最脆弱的两个部门。据该国国家自主贡献预测，气候变化主要导致气温上升（预计每十年上升 0.2 摄氏度）和降雨量减少，会对生计和社会经济活动造成严重后果。对塞内加尔来说，气候变化已经是不可否认的现实。生态监测中心发表的环境状况报告指出以下趋势：

➤ 自 1950 年以来，年平均气温上升了 1.6℃，在塞内加尔北部观察到的气温上升幅度更大，平均为 3℃。到 2035 年，气温将继续上升 1.1℃至 1.8℃。到 21 世纪 60 年代，气温将继续上升 3℃。与沿海地区相比，该国内地的变暖速度更快。

➤ 1950 年至 2000 年降雨量减少 30％，年变率及地区间变率较大。虽然自 2000 年以来降水趋势有所改善，但这并不一定意味着干旱周期的结束。

➤ 洪水事件发生频率较高，特别是在达喀尔和塞内加尔西北部的低洼地区。

➤ 2002 年和 2011 年的极端干旱分别加剧了 20 多万和 80 多万人的粮食不安全问题。

➤ 生物质生产的变化，特别是在该国北部，减少了牲畜活动的饲料生产（国际热带农业中心/美国国际开发署，2016）。

➤ 当地始终采用花生—小米轮作模式，且较多耕地专门种植花生。然而，近年来，由于恶劣的土壤条件和气候因素，花生产量开始下降，小米的种植面积有所增加（国际热带农业中心/美国国际开发署，2016）。

此外，在塞内加尔农民缺乏土地使用权，且当地还存在土壤退化、水源质量低下、水资源不足、森林退化、合成农药使用过量的问题，这在一定程度上与气候变化有关（塞内加尔生态农业转型动态，2019）。城郊园艺区（在本报告的技术潜力分析中进一步研究）尼亚伊尤其受到这些挑战的影响。

4.3.2 政策潜力

引言：气候变化背景下，塞内加尔生态农业的实用性

20 世纪 80 年代，生态农业在当地应运而生。当时农用化学品的使用对环境、人类和动物健康造成了不利影响，生态农业成为应对这些挑战的良方，为子孙后代开拓新视野。非政府组织、农民组织、一些私营部门和国家级平台实施了大量地方措施，促进了生态农业的发展（Touré 和 Sylla，2019）。30 多年来，主要措施包括综合和可持续土地管理、水土保持实践、作物协会、植物害虫生物防治、农产品有机养护方法和农林业复合经营（AgriSUD，2010）。同样，大学和研究中心，如谢赫·安达·迪奥普大学（UCAD）、塞内加尔农业研究所（ISRA）、法国国际发展农业研究中心（CIRAD）、国家土壤研究院（INP）和发展研究所（IRD），长期以来一直参与知识共创和传播、人力资源培训、农业实践监督以及健康和可持续农产品推广。各种生态农业试点项目在社会的三个层面产生了切实效果：社会经济层面（增强消费者对产品原产地的认识、推广健康食品、通过短路市场促进地方经济）；环境层面（推广有机肥料、杀虫剂）；政治层面（公共当局已经表现出对生态农业的兴趣，将其列为政治讨论和议程的一部分）（Cissé，2018）。

2019 年，生态农业取得显著成就，为其发展提供了实实在在的动力：

➢ 塞内加尔政府将生态农业转型列为关键国家政策框架《塞内加尔振兴计划》（2019—2024 年）第二阶段《优先行动计划》的五大举措之一。

➢ 生产者组织、民间社会组织、研究中心、消费者、地方当局和部门部委已决定联合起来创建一项总体计划，共同创建一份政策文件（通过自下而上的参与式进程），以支持政府的承诺，并向有效的生态农业转型迈进。这一统一框架整合了所有现有平台和举措，称为"塞内加尔生态农业转型动态"（DyTAES）。

基于三十年的经验和学习，当前国家多方利益相关者与政治承诺联合起来，在应对气候变化的多重挑战方面，对生态农业过去、现在和未来的政策潜力提出问题。

研究方法

本书采用文献综述、利益相关者讨论以及关键利益相关者个人访谈法。2019 年 5 月 28 日至 29 日，粮农组织与塞内加尔农业研究所、Enda Pronat 合作组织研讨会进行利益相关者讨论。案头研究旨在将塞内加尔的政治和体制环境作为农业政策的执行基础，并评估体制机制内对生态农业的认可度。

重点评估负责在国家一级执行国家自主贡献的参与者、作为生态农业举措成功必要条件的农业部门融资工具，以及负责在农业部门制定气候变化政策的参与者。案头研究侧重那些来自国家机构和民间社会参与者的在线文件，这些文件最终确定为制度文件或实际上就是制度文件（法律、公共政策文件、部门政策信函、国家项目和方案最终报告、公约和条约）。为了评估文件的质量和相关性，将每个搜索算法的来源多样化，以确保所得结果的一致性。

研究共调查了 57 份与分析主题相关的公共政策文件，特别是，研究试图评估生态农业在政策中的重要程度，以及塞内加尔有关农业和气候变化的文件和发言中使用的概念。

因此，当政策文件中提到"生态农业"时，我们采用的分析网格侧重分析"生态农业"的相关概念，同时参考粮农组织生态农业十大要素（粮农组织，2018b）。最后，本研究与塞内加尔生态农业转型动态领导的社区就生态农业转型问题进行的当地磋商同时进行，因此采访了这一进程不同阶段的几位参与者，并对地方一级的有利环境进行了分析。

此外，研究还采访了大量来自不同背景的人：非政府组织、农民组织、地方当局、政府各部、地方政府部门、研究机构、协会等成员。研究通过在当地集会、办公室和产品加工单位进行现场访问、焦点小组座谈（包括在农田中的座谈）及讨论展开调查。

结果与分析
政策视角：塞内加尔的政策分析

农业实践受到强有力的科学研究的激励，并与国际层面的社会运动相联系，塞内加尔在农业实践方面从未停止行动。自 20 世纪 80 年代以来，生产者组织和首创性民间社会组织一直在地方层面和国家层面采取措施。这些举措逐渐引起了塞内加尔当局的关注，他们认为生态农业为塞内加尔带来许多益处，并有助于建立更具适应力和可持续的生产系统。

2014 年 9 月，在粮农组织总部举办的第一届生态农业粮食安全和营养国际研讨会上，塞内加尔农业部部长表示，塞内加尔"一方面响应国际市场，创造高质量环境遗产。另一方面，统筹当前工作，同时注重农业的代际团结"。他补充道，若想实现上述目标，就需要采用生态农业做法，即"共同建设、共同管理、共同评估"。

2018 年末，塞内加尔总统马基·萨勒（Macky Sall）在其第一个任期结束时强调了以《塞内加尔振兴计划》为抓手，实现生态转型的重要性。2019 年，他再次当选后，政府与地方当局共同在该国半干旱地区实施了"国家领土可持续再造林"方案，进一步实现了政府的这一承诺。塞内加尔前环境部部长 M. Haïdar El‑Ali，积极致力于环境问题，被任命为塞内加尔再造林和绿色长城署总干事，这是另一个有利因素，反映了政府日益增强的承诺和政治意愿。最后，政府表示支持 2020 年 1 月底在达喀尔举行生态农业日活动。因此，国家当局在最高一级的论述揭示了向生态农业转型的计划。然而，有效实施和制度化需要通过战略、计划、政策和方案来实现。

政策中的生态农业

虽然政府的承诺逐步实现，但仍需将其转化为政策，确保适当的制度化。

事实上，在目前与农业、气候变化、自然资源管理以及经济和社会发展有关的政策工具中，很少具体提到生态农业。然而，这些政策通常促进与生态农业有关的一些原则和实践，尤其是：再造林；农林复合经营；有机和可持续农业。这些术语在不同时期出现，关注点也不同。它们在有关生产系统环境方面的政策中，或在生产者、粮食体系的特征中，甚至在其支持的市场整合模式中出现。在这方面，可以明确两个具体时期：

> 1960—2000 年，恰逢 1992 年《联合国气候变化框架公约》创立，缔约方大会出现，所有公共政策中并未明确提及"生态农业"一词。

> 2000—2012 年，"生态农业"一词在该国所有公共政策文件中只出现过一次。有关文件是 1999 年的《国家农业和农村培训战略》（SNFAR），2005 年更新。

在塞内加尔，一共有 21 份与农业和气候变化有关的公共政策文件，其中"agro‑ecological（生态农业）"一词被使用了 64 次，"agroecological（同样意为生态农业，只是英文形式不同）"一词被使用了 9 次。未考虑生态农业是因为这一概念较新，在决策领域仍然鲜为人知。

即使政府的主要方案中并未提及生态农业概念，但从一些文件中也能看出生态农业的基本思想，如保障和改善农村生计、促进公平和社会福祉、合理管理自然资源。

我们采用分析法和访谈法，进一步确定了一些对环境具有负外部性的政策和行动，它们不仅与生态农业不相容，甚至阻碍了生态农业未来的推广进程。特别是与补贴合成肥料、发展密集型农业部门或面向出口的农产工业相关的政策。

自 2012 年以来，塞内加尔当局一直倡导加快工作步伐，实现经济增长。《塞内加尔振兴计划》（PSE）是政府的主要参考政策文件，它实施了农业发展计划、方案和战略，使农业促进当地经济和社会发展。我们分析了 25 份政策文件（见附录 1），得出的结论是：虽然具体政策中未重点考虑生态农业，但在《塞内加尔农业促进计划》（PRACAS，2014）和《国家农业与粮食安全和营养投资计划》（PNIASAN，2018—2022）中，生态农业在国家农业生产系统中的推广和整合得到了考虑。

生态农业纳入农业和气候变化政策的评估

随着气候变化造成的影响越来越大，参与者不得不思考提高适应力和复原力的建设机制，特别是在《国家适应行动计划》（PANA）指定的农业部门（塞内加尔共和国，2006）。因此，政府制定了几项政策，包括《农林牧指导法》《国家农业与粮食安全和营养投资计划》等，各个政策分别针对不同的行动，旨在降低农业对气候风险的敏感性和暴露程度，而不将其明确标记为生态农业。根据粮农组织的定义，在制定政策文件时，有关当局纳入了涵盖生态农业要素的系统方法，并意图朝着生态农业发展（粮农组织，2018b），包括与生物多样性保护、促进更密集和更可持续的农林牧生产以及生产一体化和多样化有关的方面（环境与可持续发展部，2016）。

《国家农业与粮食安全和营养投资计划》（2018—2022 年）是唯一明确提到生态农业概念及其原则的文件，主要将其与增加产量和种植作物多样化的目标联系起来。该方案促进农林牧结合，旨在解决以下方面的问题：①建立环境友好型生产系统；②确保食用粮食安全；③促进农业/育种、水产养殖和植物生产系统的一体化。

《国家自主贡献》是塞内加尔重要的国家文件，它为应对气候挑战提供了行动指南，但没有明确提到生态农业。正如政府间气候变化专门委员会最近提出的那样，生态农业是实现可持续土地管理的良方（政府间气候变化专门委员会，2019），因此国家自主贡献强调，可持续土地管理作为一种适应措施具有巨大潜力。文件进一步指出，必须结合各种方法和措施，加强农林牧生产者应对气候冲击和适应气候变化威胁的能力。这也将有助于改善粮食和营养安全，增加收入。

值得强调的是，利用多个利益相关者之间的协同作用是推广生态农业的关键，因为这是一种跨学科和多尺度的方法。因此，制定相关政策有助于促进利益相关者之间的协同作用，确保最佳土地管理。可持续土地管理国家战略投资框架（NSIF/SLM）力图确保利益相关者发挥协同作用，鼓励他们共同努力，并以可持续的方式扭转土地退化趋势。

该分析进一步调查了在现行法律和政策中推广生态农业的可能切入点。见以下两类政策：

> 目前有利于生态农业的法律和政策：以下政策采用了生态农业原则，并提供平台，将所有相关行为者纳入生态农业行动中：《塞内加尔农林牧指导法》《国家可持续发展战略》《可持续土地管理国家战略投资框架》。此外，塞内加尔的国家自主贡献计划强调了与生态农业（在生产背景下）相关的各种要素，如可持续土地管理。该计划还表达了生态农业能够应对的环境和社会方面的需求和挑战。因此，国家自主贡献 2020 年修订版可能成为促进生态农业纳入国家政策的新动力。

> 部分激励型法律和政策："中立"是激励型政策的特点，可为推广生态农业提供切入点。例如，环境和可持续发展部门政策信函，旨在解决滥砍滥伐和土地退化问题。此外，农业和农村发展部（LPSDA MAER）的《农业部门发展政策函》也是如此，它们意图重组种子资本，加强农业生产，推动当地生产系统的机械化发展。

尽管当地的确存在一些有利政策以应对气候变化带来的多层面挑战，尽管推广生态农业的可能切入点的确存在，但我们必须提到一点：有些法律和政策仍然不利于生态农业的发展。它们严重阻碍了生态农业未来的推广和实践，特别是促进集约系统、减少化肥和合成除草剂的使用、提倡单作以及其他与获得土地和种子有关的措施。例如，保护农民种子不受种业的影响。考虑到保护种子的相关措施，即使塞内加尔批准了《粮食和农业植物遗传资源国际条约》(ITPGRFA) 以从技术上保障农民权利，但国家立法仍未承认农民种子的重要性（亚太生物多样性和生态系统服务政府间专家委员会，2019）。

政治视角：分析塞内加尔如何看待生态农业

此分析揭示了两类挑战，其一，将具有跨学科特点的生态农业转化为政策的挑战，其二，理解生态农业的整体性和系统性及实现共同愿景和共识的挑战。这两类挑战导致人们对生态农业概念持有不同看法和立场。虽然民间社会组织将生态农业视为一个"社会项目"，一种"社会变革"（DyTAES，2019），但大多数政府采取的措施似乎更多涉及林业方案，主要侧重于生产，以及资源效率和复原力这两项生态农业原则。利益相关者的侧重范围也不同。民间社会组织、研究组织和生产者组织认为生态农业是跨学科的，涵盖了整个粮食体系，一位受访者表示："从种子到废物处理无一不涉及生态农业，而其他人却认为生态农业不过是一个小术语，仅是用于强调个别部门的一门学科"。

目前，政府政策往往将重点放在最大限度提高产量上，即粮食安全和营养问题四大支柱中的两个：可获得性和稳定性。正如最近的高级别专家小组报告（2019）所强调的，生态农业方法有助于粮食安全和营养问题的另外两个支柱，如获取和利用，突出了参与和赋权相关要素。政府以生产为导向出于以下两种原因：①需要养活不断增长的人口；②缺乏确凿证据证明生态农业有能力在与传统农业相同时间、相同条件下生产等量粮食，同时保护自然资源和生物多样性。

在地方协商研讨会期间接受采访的利益相关者将生态农业理解为重新评估多样性和人类价值的一种方法，有助于共同创造和分享科学和地方知识，注重实效、效率，并优先考虑自然资源治理中的责任。许多人强调需要重新考虑和确保各个领域政策和立法的一致性，包括土地、能源、空间规划、市场监管、农业研究、青年教育、工程培训等。

由于缺乏一个明确的共识定义，又缺乏一份载有政府及其合作伙伴对生态农业共同愿景的国家参考文件支持，导致生态农业被排除在决策领域之外。各部门部委之间决策领域的划分更令生态农业的推广雪上加霜。

各方无法达成共识，因此，生态农业面临重重挑战：

➢ 制定国家政策时，似乎更重视产量最大化，而没有优先考虑环境问题。

政策论述中经常提及出口创收，却忽略了环境可持续性问题，因此，生态农业往往被忽视。

➢ 生态农业概念相对较新，且并行概念众多，如 20 世纪 80 年代的"有机农业"，20 世纪 90 年代末的"可持续农业"，21 世纪初的"健康和可持续农业"。因此，这一主题尚未明确。

➢ 各方对生态农业整体原则缺乏共识，阻碍了将其转化为政治愿景。

➢ 各方缺乏参与生态农业的意识和能力。

➢ 利益相关者缺少基于生态农业要素制定政策提案的共同框架。在这方面，农业研究组织在国家一级的参与度也很低，在证明生态农业在经济、社会和环境方面的可行性方面，缺乏证据。然而最近，随着《塞内加尔生态农业转型动态》的出台，这种现状很快便会改变。

➢ 群众缺乏沟通互动资源，导致消费者协会并未充分了解社会需求。

➢ 外部压力和游说者主张使用合成肥料、采用与生态农业相悖的做法。

政体视角：塞内加尔制度框架与协调机制

农业领域的气候变化问题需要各部门加强协作、发挥协同作用、制定有效的协调机制，需要所有国家进程参与者广泛参与，以创造有利于推广生态农业的政策环境。

当前制度框架与机制有助于协调进程及规划、执行农业政策及战略，汇集了各方参与者：共和国总统办公室、国民议会、经济、社会和环境理事会（ESEC）、环境和可持续发展部（MEDD）、农业和农村发展部（MAER）、生态监测中心（CSE）、国家气候变化委员会（COMNACC）、环境和分类机构（DEEC）、国家民用航空和气象局（ANACIM）及地方治理部（CT）。此外，还包括其他非政府参与者，如民间社会成员、地方协商框架、技术和财政合作伙伴、风俗权威人士和宗教领袖、大学和研究机构等。这些利益相关者的参与度各不相同，但在应对农业部门的气候挑战方面相得益彰。

利益相关者类别：（表 4 - 8）：①已参与生态农业和气候变化政策制定进程的利益相关者；②尚未参与政策制定进程的利益相关者，以及成功参与需克服的障碍。

表 4 - 8　参与（灰色）和当前未参与（白色）生态农业相关问题讨论的利益相关者

实体	组织机构	参与者的作用/未参与者需克服的挑战
国家	环境部 水利部门和林业部门	制定和管理农林复合经营和气候变化相关项目 管理国家自主贡献
	应对气候变化司	提供国家机构的信息和培训，以适应气候变化 就气候变化问题，提供建议和支持

（续）

实体	组织机构	参与者的作用/未参与者 需克服的挑战
国家	农业部 适应气候变化的国家科学政策平台—— 塞内加尔农业与气候变化	管理援助计划，创造绿色就业机会
	绿色金融与伙伴关系处	管理气候基金，执行计划和方案
	生态监测中心	没有提升意识
	其他各类部门（畜牧业、农业综合企业、 其他农业和环境部门等）	缺乏对生态农业潜力的了解
	《塞内加尔振兴计划》战略指导办公室	缺乏意识
	国民议会	缺乏意识
	社会和环境经济委员会	缺乏意识
	地方团体最高议会	缺乏意识
	农村发展支持基金会	缺乏意识
民间团体	非政府组织	制定措施，负责宣传工作，沟通
	生产者（畜牧业和渔业）组织	促进并推广优质实践，推广本地经 验，营销
	全国生态农业联合会	提出有利于生态农业的战略性和前瞻 性建议
	协会和个人消费者	缺乏沟通、信息和意识
	全国农村协调与合作委员会	缺乏沟通、信息和意识
	媒体/意见领袖	缺乏沟通、信息和意识
研究和 学术界	塞内加尔农业研究所/园艺发展中心/宏 观经济分析局 法国农业国际发展研究中心 谢赫·安塔·迪奥普大学	试验，培训，提供科学技术证据， 创新
	全球绿色增长研究所	围绕绿色增长制定战略
	高等教育	对管理者的培训；缺乏沟通、信息和 意识
	基础教育（国民教育）	缺乏沟通、信息和意识
地方治理部	地方民选官员和基层社区	支持/促进
	消费者	对优质产品的需求
	塞内加尔市长协会	缺乏制度化
	基层社区	缺乏沟通、信息和意识

（续）

实体	组织机构	参与者的作用/未参与者需克服的挑战
私营部门	生态农业投入供应商	生产和营销
	非生态农业投入供应商	提升生态农业方法意识的参与者
	各类企业	缺乏沟通、信息和意识
银行和保险公司	小额信贷机构和银行	缺乏沟通、信息和意识
	农业保险	

多数利益相关者强调，要想理解生态农业的跨学科性，建立协调机制不可或缺。基于跨学科和横向方法，研究人员建议建立协调机制，使生态农业的不同层面相互联系，克服碎片化挑战。也有人建议，根据生态农业和气候变化政策制定进程，建立新的协调机制，各部门、多方利益相关者以及各政府部门领导应参与制定；政府负责制定与农业和适应力有关的干预措施。然而，分析强调，民间社会组织、研究与发展伙伴是生态农业活动的主要推动者，他们坚定地致力于寻找应对气候挑战的创新方案。

2019 年塞内加尔生态农业转型动态（DYTAES）建立，为多方利益相关者提供了国家层面生态农业交流的统一框架，满足了协调机制的需要。该框架旨在应对现有倡议和平台（如 3AO、TAFAE、AEB）的多样性与分散性挑战，以及协调行动与集中宣传工作的缺失。

塞内加尔生态农业转型动态（DYTAES）上，所有利益相关者汇聚一堂，包括：生产者组织、民间社会组织、研究人员、消费者、地方当局和部门部委。该活动旨在与各级别利益相关者全面协商，促进生态农业转型政治对话。2019 年 8 月至 10 月，塞内加尔的六个生态农业区，以自下而上的参与方式，开始了地方磋商。这一进程旨在：①分析农业发展面对的普遍挑战；②提高对生态农业转型的认识；③确定地方生态农业举措，收集当地的最佳生态农业做法；④确定生态农业的具体挑战和机遇；⑤提出建议。约有 1 000 名当地利益相关者参与到六次磋商当中。此外，还有一场针对消费者与消费者组织的磋商活动在达喀尔举行。

基于地方磋商结果与基层关心的问题可知，当前的主要目标是共同编写贡献文件，助力生态农业转型纳入国家政策。2019 年 11 月，塞内加尔生态农业转型动态（DYTAES）举办了第一次官方国家研讨会，旨在介绍地方磋商结果和编写贡献文件。不同背景（研究人员、民间社会组织和政府代表）和不同级别（地方、国家和国际行为者）的 100 多名与会者参与其中，Ndiob 市长（著名的生态农业推广人）、生态监察中心（CSE）以及当地消费的国民议会负责人等政府代表出席会议，农业部二号技术顾问也发表了主题演讲。

媒体在整个进程中发挥了关键作用，地方磋商后，他们向更广泛的受众传播信息，还制作了关于塞内加尔生态农业转型动态（DYTAES）的视频，确保活动广为人知，并使众人达成共识。

随着制度约束与日俱增，从20多年前的"反对力量"，到今天强大统一的"提议力量"，塞内加尔生态农业转型动态（DYTAES）为生态农业推广工作铺平了道路。在地方参与式磋商中提出建议，并提出在现有框架下，推广和纳入这些建议的方式。由此产生的政治建议于2020年初在塞内加尔达喀尔举行的生态农业之旅活动期间移交给了政府。

实现塞内加尔生态农业转型的愿景

30多年来，塞内加尔施行的举措似乎在2019年迎来了有利环境和生态农业制度化的转折点。事实上，越来越多的组织承诺与强大的国家多边利益相关者合作（统一发言，确保现有倡议和平台的一致性）是塞内加尔生态农业转型的里程碑。

那么塞内加尔生态农业转型的愿景和2035年的初步路线图会是什么样的呢？接受采访的利益相关者一致认为，生态农业发展需要政府支持。政府根据生态农业要素指导其决策，这需要变革当前传统农业，并在所有利益相关者之间达成共识、共享愿景。

目前的活动，特别是塞内加尔生态农业转型动态（DYTAES），有助于促进政府重新定义生态农业概念，并在2035年前重新确定优先事项。要采取多个步骤：①围绕生态农业建立共识和愿景；②根据生态农业系统效益的科学证据，建立统一宣传框架，聚合所有行动者；③提高生态农业倡议的影响力；④各利益相关者明确分工。

图4-7总结了参与式讨论与访谈的结果，强调了塞内加尔实现理想生态农业转型的里程碑、挑战与机遇。

若要探究是否存在生态农业高效转型的理想方案，这是有可能的。塞内加尔正以肉眼可见的速度改变。2019年5月和11月，塞内加尔的情况有所变化，也取得了明显进步。例如，研究发现，一些先前未参与生态农业有关进程的利益相关者现已成为塞内加尔生态农业转型动态的目标对象，并出席了其在11月18—19日的第一次正式国家研讨会。与会成员还包括：消费者协会、全国农村协商与合作委员会、社会与环境经济委员会、各路媒体、迪恩奥布市长。

总体政策潜力：总结和建议

三十多年来，我们一直广泛收集建议，同时提供众多平台，动员各领域利

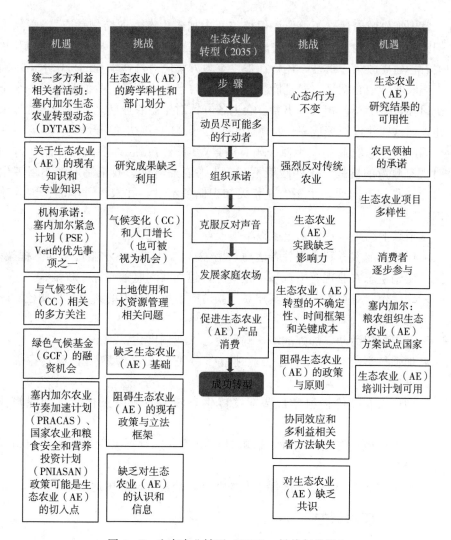

图 4-7 生态农业转型（2035），挑战与机遇*

* AE=生态农业，CC=气候变化，PSE=塞内加尔振兴计划，PRACAS=塞内加尔农业促进计划，PNIASAN=国家农业和粮食安全和营养投资计划。

益相关者，大到生产组织、民间社会组织，小到研究人员等。我们努力三十余载，2019 年似乎是做出改变，并成功实现生态农业转型的一年。

尽管各类政策框架中尚未充分纳入生态农业及其原则，也尚未提供友好的环境，以推广生态农业，但一些机构现已承诺推广生态农业，并且机构数量在持续增加。2019 年，塞内加尔政府将生态农业转型纳入《塞内加尔振兴计划》（2019—2014 年）第二阶段的《优先行动计划》。

同时，由于大众对倡导生态农业的政策及平台的多样性和分散性充满担忧，塞内加尔政府建立了综合性倡议"塞内加尔生态农业转型动态"，消除了人们的顾虑。塞内加尔生态农业转型动态不仅旨在聚集统一框架下的所有利益相关者，建立政策连贯性，还旨在提供有力方案应对日益增加的机构承诺，确保生态农业转型有意义，而且能薪火相传。与当地协商后，我们举办了一个全国研讨会，多个利益相关者出席。会上各方针对生态农业转型的每个步骤提出了建议，这些建议汇编成一份贡献文件，已于2020年初递交政府。

因此，生态农业制度化似乎颇有前景，但仍需克服许多关键挑战，特别是对现有政策的挑战。这些政策不利于生态农业转型，政策制定者不了解生态农业，且缺乏沟通，生态农业相关知识储备不足，并未将科学证据纳入政策内。

基于以上结果，我们提出了以下建议：

➢ 保持当前多方利益相关者活力，增强塞内加尔生态农业转型动态框架，协调生态农业现有平台和干预措施，建立共同愿景并统一政策。

➢ 确保建立对生态农业及其建立气候适应型生计潜力的共识，以便建立政策愿景。

➢ 开展宣传活动，加强战略，确保生态农业制度化。

➢ 加强科学研究，为生态农业建立气候适应力，为增强农场效益提供证据。

➢ 向广大农民传播科学成果，宣传生态农业及其发展潜力，加强媒体报道。

➢ 在次区域宣传生态农业，影响社区决策，这对国家发展战略具有重要影响。

➢ 推动立法框架修订，确保生态农业纳入政策战略和田地措施。

4.3.3　技术潜力

方法
定义塞内加尔背景下的生态农业
选择塞内加尔进行研究是因为：

1. 当地的家庭农场已进行数年的生态农业转型，并采用诸多生态农业实践。

2. 具有代表性地区（雨养农业区）。

3. 有一个以上灌溉区进行整年农业实践。

此外，选取塞内加尔还考虑了以下四个标准：

➢ 标准1：面临气候多变性问题（气候变化带来的影响、以往的气候冲击等）。

➤ 标准 2：存在对照组（生态农业组与非生态农业组）。

➤ 标准 3：当地有混合系统，多种牲畜混养系统。

➤ 标准 4：有气候数据记录。

两个选区特点

地区 1——尼亚伊（四个自治市：Bargny，Keur Moussa，Diender，Cayar）：作为蔬菜生产区，人们十分关注尼亚伊未来发展情况。尼亚伊为大城市提供园艺产品，但如今却面临粮食安全挑战、经济问题、政治问题（土地使用规划）、气候问题（降水量小，各类用户对地下水的需求大，造成地下水位下降）、环境问题（合成肥料和杀虫剂等农药的无节制使用造成污染）。该地区的农业多样化程度高，主要种植价格较高的园艺作物：如洋葱、茄子、卷心菜等。

研究发现：小型的个人农场，以租赁或收益分成合同为经营基础，生产的多样化农产品是为了供应当地市场。而大型、未来发展趋势较好的农业公司的农产品用于市场出口（Toure 和 Seck，2005）。多数家庭农场生产水平参差不齐，其农产品同时用于当地市场和国外市场。

Enda Pronat 支持的家庭农场位于 Cyar、Diender、Keur Moussa 等乡镇，这些家庭农场在生态农业转型中的重点是提供有机肥和以生物杀虫剂为基础的植物检疫处理。农民分工不一：妇女负责种植多样化程度高的小块土地，男性则将负责种树、种蔬菜，并利用灌溉系统（滴灌）种洋葱。

地区 2——库萨纳（位于塞内加尔东部）：库萨纳是一个位于塞内加尔东部生态农业区的自治市，当地特色是雨养系统，以种植谷物作物（花生、小米和高粱）为主，并将牲畜与作物相混合。过去四年，Enda Pronat 为 18 个家庭农场提供支持，实现生态农业转型（有机施肥、协助自然再生、用适应型种子提前种植）。

抽样设计

抽样方法基于空间分布，对农民进行随机抽样。根据 Enda Pronat 和塞内加尔农业研究所提供的资料，本研究从这两地（尼亚伊和库萨纳）分别随机抽取约 40 名农民（表 4-9）作为研究目标。

在 40 名农民中 34 名农民被分到"生态农业组"（下文缩写为"AE"）。

51 名农民为"对照组"，Enda Pronat 和塞内加尔农业研究所根据农民的经验和对环境的了解挑选对照组成员。这些农民通常在密集型生产系统中使用过量杀虫剂和合成肥料，采取单一种植法。若将缺乏生态农业转型知识的农民视为非生态农业农民，可能会导致结果出现偏差。实际上这些"非生态农业"农民的农场可能正处于生态农业转型期，因此，所谓的对照组并不符合真正的"非生态农业"对照组的特点。

表 4-9　塞内加尔生态农业区与对照区抽样的农民人数

单位：人，毫米

地区	各地区特点	各地区农民人数	对照组
	年降水量	生态农业组	
尼亚伊	400	14	31
库萨纳	700	20	20
总计		34	51

2019 年 7 月至 8 月，在与生产商的整个访谈过程中，接受过培训的普查员们采用粮农组织开发的结构化 SHARP 调查法收集数据，数据保留在三星电脑选项卡 A 中。

农牧民气候复原力自我评估和整体评估（SHARP）的总体结果

由于两地具有不同特点，因此 SHARP 评估的复原力水平存在差异，耐人寻味。我们首先要讨论的是生态农业农场在两地的总体复原力水平，然后再分别考察各地情况。

生态农业农场的平均复原力得分为 5.2，而对照组为 4.8。根据 SHARP 评估，此分数符合中等水平的气候复原力系统的特征。这意味着这两组农民都有一定的能力应对意外的气候冲击和气候变化。

尽管生态农业农场的平均得分较高，但生态农业组和对照组的总体复原力得分并不存在统计学差异（图 4-8 和图 4-9）。

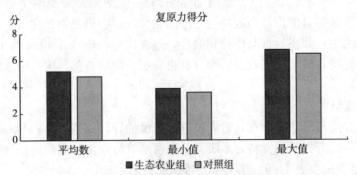

图 4-8　生态农业农场系统和对照组的平均复原力得分
（生态农业组变量为 34；对照组变量为 51）

尽管生态农业组和对照组之间的复原力总体均值不存在统计学差异，但两组之间的某些复原力指标存在统计学差异。在 13 项指标中，我们发现生态农业农场和对照组有 4 项指标存在显著的统计差异（图 4-9）。

在这四项指标中，生态农业组有三项得分高于对照组（包括"社会自组织""时空异质性""荣誉传统"），另一项"合理盈利"指标得分较低。

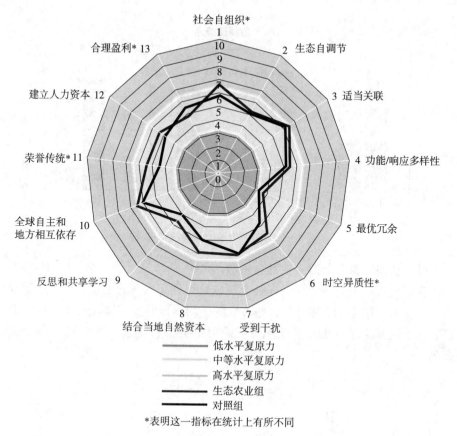

图 4-9 生态农业组和对照组在生态农业系统指标和复原力水平上的平均分

注：通过 t 检验确定的 13 项复原力指标中有 4 项存在显著差异，表示为 * $P<0.05$，** $P<0.01$。在 3 项具有统计学差异的复原力指标上，生态农业组平均得分高于对照组，而对照组在一项指标上的平均得分高于生态农业组。

在 35 项指标中，11 项存在显著差异，其中生态农业系统组有 8 项指标的平均得分较高（其中，三项指标为农业类指标；一般为经济类指标；环境类指标无差异；而在所有三项社交领域类指标中均存在显著差异）。

各领域调研结果

如图 4-10 所示，我们还评估了四个方面（农艺实践、环境因素、社会互动和经济因素）的 SHARP 结果。

从技术得分的平均值来看，在社会领域，生态组农场和对照组之间存在显著差异（$P<0.01$），社会领域涵盖了关于干扰、社区合作、团体成员、膳食、家庭决策和农场管理的指标。值得注意的是，即使两组不存在显著差异，与对照组的农场相比，生态农业农场在农艺领域平均得分仍明显更高（分别为5.67 和 5.20）。

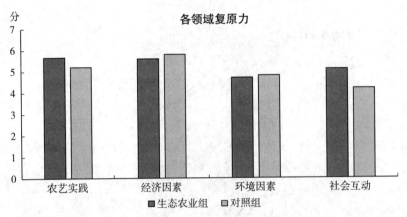

图 4-10　四个领域的平均技术得分

详细结果：每个领域——社会领域

我们发现，生态农业农场在社会领域具有更高水平的复原力，统计学差异为 $P < 0.01$。图 4-11 体现了哪些方面的平均得分明显较高，表 4-10 则进一步解释了这些主题对生态农业系统，特别是生态农业系统中的复原力建设的影响。

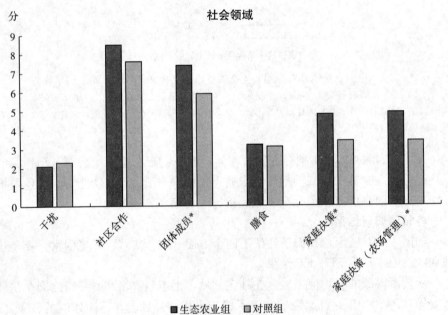

图 4-11　社会领域模块的平均技术得分
*表示存在统计学差异，（$P < 0.05$）。

表 4 - 10　与对照组相比，生态农业组复原力得分（社会领域）
存在差异的 SHARP 主题及其解释

具有统计学差异的模块	解释
团体成员	这一子指标差异显著（$P<0.05$），表明生态农业农场与其社区的联系非常紧密，促进了农业实践（作物、牲畜、林业和渔业）和传统知识的交流。
决策（农场管理）	差异显著（$P<0.05$），可能表明在生态农业农场中，家庭成员（尤其是户主及其配偶）相互协作，共同制定农业活动和农场管理的相关决策；同时，家庭成员的工作量分配更为平均。值得注意的是，生态农业农场通常需要更多劳动力，而这些劳动力往往来自家庭。
决策（家庭）	差异显著（$P<0.05$），表明在生态农业农场中，家庭成员（尤其是户主及其配偶）共同决策，分担农场工作。这意味着生态农业农场能够吸收所有家庭成员的经验和知识，从中受益。毕竟，一位成员对农场管理某些方面的知识或经验有限。

其他领域

图 4 - 12 和图 4 - 13 显示了两组详细的复原力得分，通常情况下，生态农业农场得分高于对照组得分。这主要体现在 SHARP 农艺领域，在大约五个 SHARP 主题（树木、新品种和适应性品种的利用、育种实践和生产活动）中，生态农业农场复原力平均得分较高。在 SHARP 环境领域，生态农业农场在大约

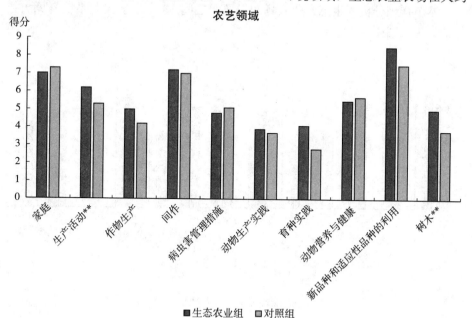

图 4 - 12　在 SHARP 农艺领域，生态农业农场和对照组不同主题的复原力水平比较
注：**表示统计学差异显著，$P<0.01$。

两个 SHARP 主题（豆科植物的使用和土地管理实践）中的平均得分相对较高。为了得到更可靠的结果并更好地理解统计学差异，可以考虑采用时间序列分析。

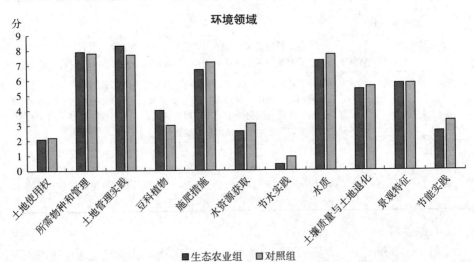

图 4-13　在 SHARP 环境领域，生态农业农场和对照组不同主题的复原力水平比较

两组农场的详细结果：生态农业系统复原力指标

本节详细分析了生态农业农场和对照组之间 13 个生态农业系统复原力指标的结果（图 4-14）。

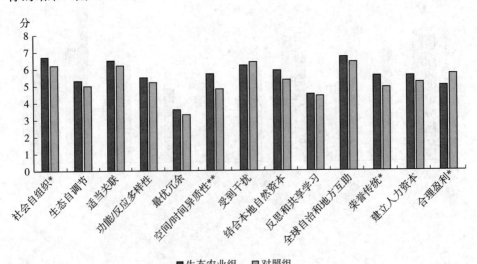

图 4-14　基于农场类型的 13 个生态农业系统复原力指标：
塞内加尔生态农业农场和对照组

注：* 表示 $P<0.05$ 时的统计学差异，** 表示 $P<0.01$ 时的统计学差异。

社会自组织指标

社会自组织指标旨在评估农民组成基层网络和机构的能力，如合作社、农贸市场和社区可持续发展协会。据 Berkes 所述（2007），自组织具备构建多方关系网和伙伴关系的能力，可以令系统以新方式应对变化。生态农业农场与对照组的社会自组织指标得分存在显著差异（$P < 0.01$）。生态农业农民需要在保持粮食产量稳定情况下维持生态农业系统内部的生态过程，正是这种需要使农民得以构建创新型制度安排，使农场作为单位与社区保持联系。这种自组织性质是生态农业农民维持生计的关键因素，也是他们应对气候等冲击力（复原力）的原因。为确定哪些因素增强了奥地利家庭农场复原力，Darnhofer（2010）发起了一项调研，他发现农民认为在不同社会结构中的自组织能力是增强复原力的关键因素，而合作和构建关系网的能力则是他们未来生存的关键。

研究发现，生态农业农民拥有不同的知识共享机制，并来自不同的基层机构：如合作社、有组织的农贸市场，所有机构都会为其提供自我组织平台。因此与对照组相比，生态农业组表现出更高的复原力水平。

生态自调节指标

研究表明，生态农业组和对照组的生态自调节指标得分不存在显著差异，生态农业农场得分略高于对照组得分（5.4∶5.03）。指标得分依据农场在保持土地覆盖方面的表现、为捕食者和寄生蜂提供栖息地的能力、利用生态系统工程师的能力以及使生产符合当地生态参数的能力。系统自我调节的程度是系统内部不同要素之间相互作用的结果（Barabas 等，2017）。研究指出，生态农业组作物品种丰富，且通过采取多样化措施，合理利用每寸土地。

适当关联指标

该指标从社会角度和生态角度显示了系统内部的关联：农民与多个供应商、销售点和其他农民伙伴相互协作，并且采用混作，鼓励互利共生。生态农业农场和对照组得分差异并不显著，前者复原力得分略高（6.5∶6.2）。两组数据之所以无差异，是因为生态农业组各部分与系统内部联系的时间不够充足，导致系统各部分未能产生相互作用。Picasso 等（2011）强调了时间的重要性——即系统在产生收益之前呈现出新状态的时间。他们发现，三年后，混植系统的作物产量高于单作系统，这表明不同物种之间存在积极的互补效应，因此具有更高的关联性。Cabell 和 Oelofse（2012）指出，从社会角度来看，为了使农场具有更高的复原力水平，农业系统不应该只是单一的网络，而应是由各要素构成的关系网。而且，系统的复原力水平并不由单一要素影响，而是由各要素之间的相互关联决定（Axelrod 和 Cohen，1999）。因此，农民若想在这一指标的影响下获得更高的复原水平，就需要扩大他们的社会网络，建立更多的生态联系。

功能/响应多样性指标

该指标反映了景观和农场内部功能的异质性；以及投入、产出、收入来源、市场、虫害防治等的多样性。这两个系统的指标得分差异并不显著，但可观察到生态农业农场的平均得分较高（5.4∶5.1）。然而，子指标"物种多样性"差异显著（$P<0.05$）。由此可见，生态农业组的作物品种（一年生、多年生品种）、物种和变种更加多样化。在遭受冲击期间，生态农业系统的物种多样性对于分散风险至关重要。不同物种对不同冲击的反应不同。

最优冗余指标

该指标旨在评估农场功能丰余性水平；农场的不同元素具有相同用途（功能重复），在冲击发生时起到缓冲作用。该指标以多种作物动物的种植与饲养，以及营养与水分获取来源的相关特征作为衡量标准。两组的指标得分无显著差异，但生态农业农场的平均复原力得分较高，为3.6分，而对照组为3.2分。然而，我们在衡量栽培品种多样性和动物生产做法的子指标中观察到显著差异。生态农业组承担着生态系统一部分的重要功能，因此通常具有多样性（特别是生物多样性）。

时空异质性指标

该指标以农业活动多样性、资源管理实践以及景观多样性的相关方面作为衡量标准，旨在评估农业系统和景观的异质性。生态农业农场的时空异质性显著高于对照组（$P<0.05$）。

子指标"间作与混作"存在显著差异（$P<0.01$），农场树木量同样如此（$P<0.05$）。

生态农业系统的空间异质性主要表现为间作和混作，如农林复合经营。间作是一种复原力建设策略，具备降低病原体压力（降低脆弱性），以及在干旱和洪涝发生时管理土壤水分的潜力（Himanen 等，2016）。

生态农业系统的时间异质性（Cabell 和 Oelofse，2012）主要体现在轮作方式上，如作物覆盖。特别是在土壤水分管理方面，作物覆盖可能成为一种复原力或适应力战略。在津巴布韦，Thierfeld 等（2017）发现，与种植期间的裸地相比，实施作物覆盖导致土壤水分增加超过45%，对发芽率和最终作物产量都产生了影响。

时空异质性与多样性都有助于提升生态农业系统的复原力。然而，这些管理策略需要农民具备广泛的作物组合和定序知识，这对农民来说极具挑战性。从长远角度来看，多种网络和知识共享平台可能有助于从事生态农业的农民应对这一挑战，以保持复原力水平。

受到干扰指标

该指标以暴露于气候和非气候相关的冲击为衡量标准，评估农场系统受到不同干扰的程度；以实际使用的管理机制（例如：害虫管理实践、应对机制）为衡量标准，评估其承受和克服干扰的能力。

衡量杂草管理和虫害管理的子指标存在差异。对照组的平均得分为 6.4 分，与生态农业农场的平均得分 6.1 分相比，差异显著。

大多数受访者都经历过与气候相关的冲击，但只有大约一半的受访者表示他们改变了应对措施。结果表明，需要采取行动应对与气候相关的冲击。

结合本地自然资本指标

该指标以可持续的土地和水管理实践（包括节能实践）为衡量标准，旨在评估生态系统维持健康以及运作的能力，鼓励该系统量入为出，防止自然资本耗尽。两组的指标得分无显著差异，但生态农业农场的平均复原力得分仍高于对照组（5.9∶5.4）。

尽管两组在该指标及子指标上不存在差异，但生态农业农场的复原力平均得分较高，这在某种程度上意味着可以利用当地自然资本来管理农场。随着时间推移，持续使用这种自然资本有助于改善生态系统，这将是提高生态农业农场复原力的关键。空间异质性指标表明生态农业农场采用了更多的可持续土地管理实践做法。而在与自然资本指标相结合的情况下，农场管理仍在一定程度上依赖进口投入，这可能会减少使用自然资本所带来的收益。

反思与共享学习指标

农民、大学和研究中心能够获得推广及咨询服务，这些服务有助于改善生产实践和总体生计，该指标旨在衡量这些服务间的协作情况，并显示了农民间的合作和知识共享（例如，提高议价和市场准入能力，提高生产力）、记录保存以及生态农业系统状况的基本知识。两组的指标得分不存在差异，然而市场准入子指标存在显著差异（$P<0.05$）。从事生态农业的农民常是营销网络或销售合作社的成员。事实上，尼亚伊从事生态农业的农民是当地参与保障式制度的成员，该体系允许他们提高并保持其产品稳定和盈利的销售价格。通过这些学习和分享平台获得的知识和经验非常重要，有助于农民预测未来的情况并进行适应性规划。由此可见，生态农业农民不仅有应对干扰的措施，也有预期规划——这表明生态农业农民具有更高的复原力水平。

全球自治和地方互助指标

该指标旨在衡量全球独立性以及地方团结包容度，评估农场在市场一级对原材料供应和减少使用外部投入、在当地市场销售、使用当地资源、农民合作社、生产者和消费者之间的密切关系以及设备等共享资源的相互依赖程度。该指标下的复原力更多是指系统是如何封闭或循环的。这种循环性可以发展系统抵御外部冲击的缓冲能力。两组之间该指标无显著差异。然而，在进入当地市场、依赖当地作物品种和动物品种等子指标层面，存在差异（$P<0.05$），生

态农业农场的复原力得分较高。生态农业农场使用当地作物品种和动物品种是复原力的基本要素，因为这些物种能够适应当地的干旱、高温、寒冷和病虫害等物理和生物压力（粮农组织，2017）。此外，与杂交品种相比，传统（本地）品种和地方品种通常具有遗传多样性，这种多样性也是生态农业农场建立复原力的关键因素（Swiderska 等，2011）。Altieri 与 Merrick 指出（1998）：远离发源地的生态农业系统往往具有较弱的病原体和昆虫基因防御系统，这使得它们最容易受到病虫害袭击，这种情况的发生频率和强度会随着气候变化而加剧。

荣誉传统指标

传统指标是在农业生产实践和农场管理中保存和使用传统和本土知识的一种措施，除了知识，还以遗传资源的形式呈现（Cabell 和 Oelofse，2012）。该指标的评估基于以下子指标：如社区老年人参与、传统知识保存、习惯机制、树木产品使用、疾病管理以及传统和新品种结合使用等。

从事生态农业的农民在该指标上得分显著较高（$P < 0.1$）。在子指标层面，从事生态农业的农民更多地使用树木产品作为自然补救以及作物保护措施（$P < 0.05$）。此外，两组的子指标——使用当地品种和新品种得分差异显著（$P < 0.05$），生态农业农场复原力得分较高（$P < 0.05$）。

Masinde（2015）在撒哈拉以南非洲开发创新的干旱预警系统时，将本土知识与信息技术相结合，他说在这种情况下，本土知识的重要性就在于确保该系统在新环境中的相关性、可接受性和复原力。因此，将本土知识应用于生态农业系统是提高生态农业系统复原力的重要因素。

建立人力资本指标

该指标旨在衡量冲击和压力应对能力，这取决于技能和知识储备（Cabell 和 Oelofse，2012），通过以下子指标进行评估：家庭福利、土地管理知识、基础设施使用、群体积极参与、家庭决策和人力资本投资。即使在子指标上，生态农业农场与对照组之间也没有数据差异。然而，与对照组相比，生态农业农场的复原力得分较高（5.6：5.2）。贝克尔（1975）将人力资本视为知识和技能存量，直接体现人类在生产过程中的贡献。两组在该指标上没有差异，表明其技能、知识在农业生产和复原力建设方面做出同样贡献。虽然生态农业农场更多地参与了社会网络并且土地管理实践知识更丰富，但这似乎并未对其人力资本产生积极影响。

合理盈利指标

该指标旨在评估农民和农工通过农业和非农活动赚取体面工资的程度，通过农业控股的收入来源数量、必要时获得的财政支持、市场准入、持有的生产性资产、保险、储蓄和收获后处理实践来评估盈利能力，以提高农产品价值。

该指标对照组的复原力水平高于生态农业农场，差异显著（$P<0.1$）。对照组在保险子指标上也存在显著差异（$P<0.05$），这表明他们在经济上保护其产品（如作物、牲畜、土地）免受损失或损害的能力更高。在库萨纳州种植大田作物的对照组农民中，这种做法更为明显，但在尼亚伊省的蔬菜生产者中，这种情况相对较少。对照组农民为其产品和资产投保的能力体现了这些农民的生产是有利可图的，并强调了保护资产免受任何损失或损害能力的重要性。

特定地区的调研结果：每个生态农业区——尼亚伊

研究发现，尼亚伊生态农业区在时空异质性指标（$P<0.05$）、荣誉传统指标（$P<0.1$）、生态自调节指标（$P<0.1$）方面存在显著差异（图4-15）。

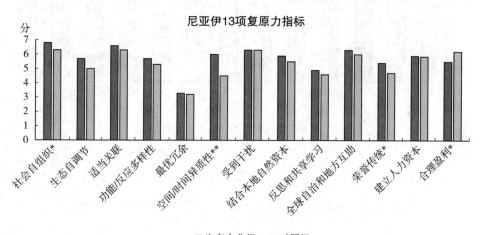

图4-15　尼亚伊生态农业组和对照组的13项复原力指标对比
注：**表示显著差异 $P<0.05$，*表示显著差异 $P<0.1$。

生态农业农场种植了几类植物品种，包括季节作物和多年生作物，在这些农场种植品类繁多的作物以及间作都十分常见。生态农业农场使用更多自然/生物方法管理动物疾病（生物农药、生物防治方法、人工捕获作物上的害虫、使用诱捕器或诱集植物、通过增加害虫防治昆虫的种类以增加田地生物多样性）。

由于尼亚伊地区大量使用杀虫剂和合成肥料，为应对这一挑战，Enda Pronat 致力于推广"健康和可持续农业"。这种农业的特点是：经济可行，生态无害，满足粮食安全要求，并获得生产者、支持者和研究机构等组织的支持（Enda，Pronat，2012）。时空多样性似乎是生态农业农场复原力提升的原因。这里的多样性是指作物种类、生物多样性和农场管理方法的多样性。传统和本土知识的使用是增强生态农业农场复原力的另一影响因素。运用传统和本土知识有助于适应环境特殊性和当地实际情况相关性。这种系统记忆，如传统传承，也使生态农业农场比传统农场更具复原力。

库萨纳

研究发现，库萨纳生态农业区的两组农场在社会自组织指标（$P<0.1$）和建立人力资本指标（$P<0.05$）方面存在显著差异，生态农业农场在这两项复原力指标上得分更高（图 4 - 16）。

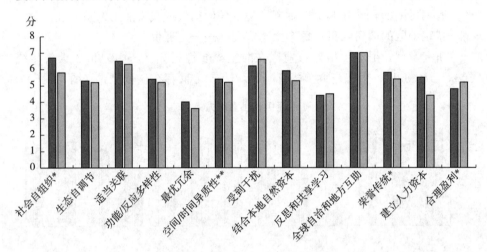

图 4 - 16　库萨纳生态农业组和对照组的 13 项复原力指标对比
注：**表示显著差异 $P<0.05$，* 表示显著差异 $P<0.1$。

研究发现，生态农业农场与所在社区相互联系紧密，这的确有助于农民相互支持，而且对建立社会和人力资本也十分重要。生态农业农场在社会自组织和建立人力资本指标上得分更高。生产者参与并整合其基本机构（如合作社、农贸市场、社区可持续发展协会、社区花园和咨询网），通常他们会得到非政府组织的支持。

总体结论：技术潜力

利用 SHARP 工具分析了所有的农民样本后发现，总体上而言，生态农业农场组比对照组更具复原力（平均复原力得分分别为 5.2 和 4.8）。

每项指标都经由子指标评估，这些子指标是潜在干预措施的关键切入点，能通过外部和内部措施增强复原力。13 项指标的对比结果表明，生态农业农场在其中 3 项复原力指标中平均得分更高，而对照组仅有 1 项复原力指标得分更高。

以下 3 项指标最有助于提高生态农业农场适应力和复原力：

1. 保持农场系统内高度多样性（时空异质性）。

2. 更好的自组织能力。

3. 传承和使用农场活动内外的传统知识和其他传统（荣誉传统）。

针对上述（指标1），研究发现，生态农业农场的品种多样性（拥有和种植的品种数量）、混种培育系统的发展程度较高。从事生态农业的农民也更频繁地种植当地适用的传统作物和动物品种，特别是在库萨纳这种畜牧业和农业地区。

自组织（指标2）指生态农业农场与所在社区联系密切，并共享可持续发展知识。

由于基层组织积极传授传统知识，从事生态农业的农民更倾向于使用树木作为自然疗法、自然治疗产品和土壤肥料（指标3）。从事生态农业的农民还将树类产品纳入农业生产和作为家用能源（木柴）。

从事生态农业的农民的局限性和脆弱性在于难以获得有效的自然治疗产品来控制害虫和管理杂草，以及获得金融服务和保险的机会有限。这在合理盈利指标中两组的显著差异得以充分体现（对照组得分更高）。因此，若要提升复原力水平，关键就是要促进生产者以综合、可持续的方式获取管理虫害的知识。同样，增加生产者获取信贷或保险等金融服务的机会，也能提升他们投资更多和更好的生产性资产的能力，保护他们免受（预期和意外）冲击，以及增加流动资金。

特定地区调研结论：每个生态农业区

研究将样本分成两个生态农业区，得出了更为详细的结果（表4-11）。

表4-11　尼亚伊和库萨纳的生态农业系统复原力对比

地区	复原力指标显著不同的农业系统		
尼亚伊	时空异质性	荣誉传统	生态自调节
库萨纳	建立人力资本	社会自组织	

注：两地生态农业区和非生态农业区指标得分存在显著差异，其中生态农业区的复原力指标得分更高。

在尼亚伊地区所有研究指标中，从事生态农业的农民有11项复原力指标平均分更高，其中有3项指标存在显著差异："时空异质性"（$P<0.05$）、"荣誉传统"和"生态自调节"（$P<0.1$）。"时空异质性"指标存在显著差异表明尼亚伊地区适合蔬菜生产，作物多样性程度高，作物多间作和轮作。这不仅有利于提高生产多样性，也能改善土壤健康，并能预防害虫侵袭和植物疾病。而且，研究发现，这一地区的生态农业农场难以获取金融服务。因此，重点应放在金融服务获取上，为生态农业农场寻找融资机制，增加投资选择，从而提高农业发展潜力。

　　而库萨纳的生态农业农场有 9 项复原力指标得分更高，其中 2 项指标具有显著差异："社会自组织"（$P<0.1$）和"建立人力资本"（$P<0.01$）。这些结果表明，库萨纳地区的农业系统和依赖农业的家庭的农耕方式促进了人力资本的获得，动员了社会关系和资源，改善了家庭健康、经济活动和基础设施，提高了技术和个人技能，同时也促进了社会的组织性和规范性。这一地区在冬季也能耕种，因此杀虫剂使用率低，当地居民的身体也更健康。

　　结果分析表明，与干扰和虫害及杂草管理有关的指标还有不足之处。因此，关键是注重加强生产者以可持续、生态友好型和有效的方式管理杂草和虫害的能力，从而提升气候变化复原力。

5 研究结论与建议

5.1 结论

通过总结本研究中关于国际政策潜力的各个组成部分、元分析和两个案例研究得出的详细和具体章节的结论，我们可以得出以下结论：

5.1.1 国际政策日益关注生态农业

在国际农业气候讨论（气候公约和科罗尼维亚农业联合工作）中，生态农业（根据粮农组织十大要素的定义）被考虑和建议作为适应或缓解气候变化的方法，本书系统地评估了其潜力。研究结果显示：

➢ 越来越多的国家和具有不同背景的利益相关者将生态农业和相关方法视为实现适应和缓解目标及实现有效转型变革的手段。

➢ 在国家自主贡献中，10％以上的行动明确提及"生态农业"，11％将其视为适应战略，4％将其视为缓解方案。

➢ 国家自主贡献行动也提到了一些生态农业方法，但没有具体涉及生态农业，而是有选择地提及生态农业要素，如"效率""循环利用""多样性"和"知识共创"。生态农业的系统性，特别是其社会经济和政治特点，受到的关注远远不够。《气候公约》观察员提交的材料，特别是一些民间社会组织提交的材料，强烈要求并呼吁要从根本上改变粮食体系。因此，面对未来，重要的是我们要以包含社会和人力资源的系统性观点来看待农业，这样有助于提高生态农业系统复原力。

➢ 许多国家在其国家自主贡献行动中意识到，有必要将气候变化问题纳入各部门的体制主流。由于生态农业具有统筹性（包括一体化、连通性、多样性、协同作用，以及减少对外部粮食生产资源的依赖），因此可以将其纳入农业和相关部门计划的主流。并且这可以通过现行政策框架实现，大多数国家自主贡献的行动纲要都源于这些政策框架。例如，可以将生态农业和农林业等方法纳入可持续土地和水管理政策中，将复原力纳入生产力和生产政策中（政府间气候变化专门委员会，2019 年）。为实现上述目标，有必要在各部委间建立协调机制，这样就可以制定并实施综合政策，由此广泛并一致地采用生态农业方法。

5.1.2 研究表明，生态农业可以提高气候复原力

通过对同行审查的生态农业研究进行元分析（从 185 个案例研究中选出了 34 个元分析和 17 个案例研究），得出了一些明确的模式：

➤ 生态农业建立在与气候复原力有较强正相关性的关键特征基础上。

➤ 通过改善土壤健康、提升农业生物多样性及高度多样化，可以增强气候变化适应力，降低脆弱性，从而加强气候复原力：如将不同品种、变种和物种纳入农业生产系统，从而提高生产力并保持产量稳定（图 5-1）。

➤ 缓解力共同效益也得以实现，这主要与增加土壤有机质（碳固存）和减少矿物氮肥的使用有关。

➤ 在机构层面，如通过咨询服务和农民对农民的方法共同创造和传播知识，在支持生态农业发展、改进和应用方面发挥着关键作用。

➤ 推进生态农业、增强气候复原力的关键是建立和加强功能性和针对具体情况的知识和参与式创新体系。

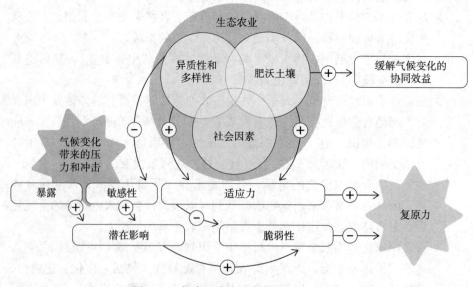

图 5-1　提高生态农业复原力的主要途径

5.1.3　两国经验

政策潜力

国家案例研究评估了两国将生态农业纳入制度框架以抵御气候变化的潜力。该研究深入分析了当前国家背景、现行政策环境以及在决策和推广生态农业过程中面临的机遇和挑战。

虽然两国的政策背景不同，但生态农业得到认可的潜力都很大。然而，将生态农业的跨学科特性和系统性转化为政策、法律和战略仍是一项挑战。这两个案例研究都强调了培训和提升意识的重要性，以确保各方就生态农业问题达成共识并将其纳入相关制度框架。

肯尼亚政策分析结果

➢ 肯尼亚气候相关政策并没有强调系统的生态农业方法，而是有选择地提到了水土保持措施等生态农业要素。

➢ 通过加深对生态农业的了解，利益相关者看到了将其纳入地方制度进程的机会。

➢ 有机会将生态农业方法纳入现行政策。

➢ 在进一步为生态农业提供证据、培训和政策指导的同时，还需要增加公共和私人投资及财政支持。特别是政府，可以利用其采购和监管权，实施生态农业产品使用奖励措施并提供价格补贴，从而增加生态农业投资。

塞内加尔政策分析结果

➢ 20 世纪 80 年代，生态农业在塞内加尔应运而生，很多潜力性举措相继出现，对当地政策产生了影响。然而，国家仍高度重视依赖外部投入的农业系统，因此，尚未将生态农业方法纳入政策和法律。

➢ 如今，塞内加尔存在推广生态农业的有利条件：①政府已将生态农业转型列入优先事项（《2019—2024 年塞内加尔振兴计划》五大举措之一），发展生态农业逐渐转化为制度性承诺；②多方利益相关者团体"塞内加尔生态农业转型动态"希望制定一份贡献文件，以转变国家政策并努力实现生态农业转型。

技术潜力

研究对两国参与生态农业项目 5 年以上（由 Bioversity、Enda Pronat 和文化与生态研究所支持）的 40～50 名农民及未参与生态农业项目的 40～50 名农民（对照组）进行了比较分析，旨在深入了解生态农业的生态和社会经济复原力表现（基于粮农组织 SHARP 工具）：

➢ 总体结果表明，从事生态农业的农民 SHARP 复原力水平显著高于对照组（非从事生态农业的农民）。

➤ 这些生态农业系统具有更强的缓解、应对和适应气候变化的能力，因此更具复原力。

➤ 虽然两国环境不同，但生态农业农场的时空异质性及传统知识整合和共享（"荣誉传统"）指标得分（图5-2和表5-1）都明显较高，这表明它们是加强生态农业系统复原力的关键因素。

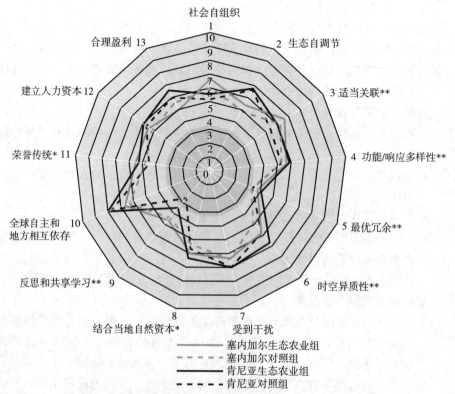

图5-2　肯尼亚（KEN）和塞内加尔（SEN）生态农业组和
对照组的SHARP复原力指标平均得分

研究结果表明，生态农业方法有助于建立更加可持续和更具气候复原力的农业生产系统。这证实了一些拉丁美洲国家在其国家自主贡献中的表述，生态农业应被视为向更可持续粮食体系转型的基础。

表5-1　肯尼亚和塞内加尔从事生态农业的农民适应力及复原力较强的指标

从事生态农业的农民在以下方面表现出更强的适应力和复原力水平：	
肯尼亚	塞内加尔
3.适当关联（即信息获取、预测、市场、参与式担保计划）**	

（续）

| 从事生态农业的农民在以下方面表现出更强的适应力和复原力水平： | |
肯尼亚	塞内加尔
9. 反思和共享学习指标（即更高的农民团体参与度和推广渠道）**	
11. 荣誉传统指标（即由于传统知识转移，树木在自然修复、杀虫剂和施肥方面的整合程度更高）*	11. 荣誉传统指标（即使用适应当地条件的本地品种和新品种；更多地使用树木产品作为自然修复措施）*
5. 冗余（功能和物种多样性，即作物数量）**	
5. 最优冗余（即品种多样性）**	
6. 时空异质性（即间作、混作、梯田、防风林、农场内树木）**	6. 时空异质性（即间作、混作、梯田、防风林、农场内树木）*
8. 结合本地自然资本（即代替外部投入）*	
	1. 社会自组织（即农民组成基层网络和机构的能力，如合作社、农贸市场和社区可持续发展协会）*

注：* 表示生态农业组和对照组在该指标得分上存在统计学差异，$P<0.05$；** 表示统计学差异显著，$P<0.01$。

肯尼亚技术潜力

➢ 13 项 SHARP 指标中，生态农业农场有 7 项指标的得分明显高于非生态农业组。

➢ 生态农业组在环境、经济和农艺实践方面的平均得分更高。

➢ 生态农业系统和非生态农业系统都认同相似的优先事项以及获取更多支持的必要性，尤其在保险、动物育种、非农业创收活动、水资源和土地资源获取方面。

塞内加尔技术潜力

➢ 13 项 SHARP 指标中，生态农业系统有 3 项指标的得分明显高于非生态农业组。

➢ 生态农业组在社会相关指标和农业实践中表现更好，在经济和环境相关方面，与对照组旗鼓相当。

➢ 从事生态农业的农民难以获取有效的生物产品以控制虫害和管理杂草，获取金融服务和保险的机会也有限，这阻碍了塞内加尔生态农业的发展。

从气候复原力角度对生态农业的总体看法

下图简单地总结了本研究的结果，描述了生态农业系统复原力概念（以

Cabell 和 Oelofse2012 年提出的 13 个指标为代表）和生态农业特点（对粮农组织十大要素进行了描述）之间的相互作用和密切联系（图 5-3）。生态农业的核心原则（如：多样性、有效利用自然资源、养分循环、自然调节和协同作用）也是其具有气候变化适应力和复原力特点的原因（Cote 等，2019）。两种概念间的相互联系正是生态农业对气候变化具有内在复原力潜能的原因。因此，图 5-3 中复原力潜能（粮农组织十大要素之一）位于雷达中心，与其他所有要素和指标都相互联系。

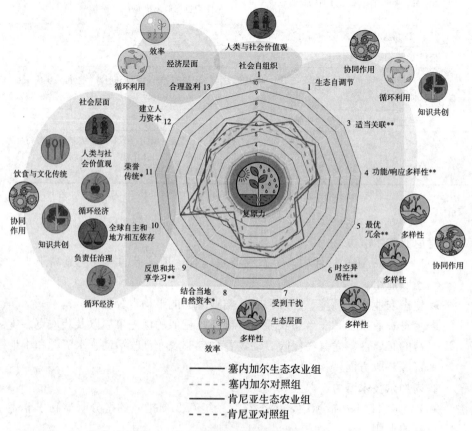

图 5-3　生态农业如何增强气候复原力？

注：该图表明复原力（Cabell 和 Oelofse 2012 年提出：由 13 项生态农业系统复原力指标来衡量）和生态农业十大要素联系密切并相互交织；图中圆圈表示粮农组织生态农业十大要素。

本研究收集了不同层面的证据，并得出结论：生态农业的确能增强小农户的复原力和对气候变化的适应力。例如，研究结果证明了社会和人力资本的重要性。自组织、共同学习以及信息共享能力帮助从事生态农业的农民建立更广阔的社会安全网，也使他们免受气候和经济问题的干扰。传统知识和更广泛的管理技能世代相传，也有助于提高复原力。生态农业多样性为农场提供了自然资本。这些农场的高度生物多样性和异质性改善了生物地球化学进程，包括加强养分和水循环、提高稳定性、改善土壤有机物以增强土壤肥力、改善土壤健康。这些过程是建立复原力和气候变化适应力的基础。总之，粮食体系各层面的多样化有助于在面临冲击和压力时，增强复原力、降低风险、保持粮食生产稳定性。

5.2 建议

高级别专家小组（2019）和其他大量高级别报告（气专委，2019；Sachs等，2019）表明，需进行深刻的整体性和系统性变革以应对气候变化，实现《2030年议程》及粮食安全和营养的可用性、获得性、利用率和稳定性。这对于解决未来的多重复杂挑战也十分必要，挑战包括世界人口不断增长、自然资源使用压力持续增加、影响土地和水资源以及生物多样性。

5.2.1 总体建议

➢ 生态农业具有良好的知识基础，因此推广生态农业，建立复原力是一项可行的气候变化适应策略。

➢ 需解决在推广生态农业中遇到的障碍：加强各部门、利益相关者和各界人士对系统性农业方法的知识获取并增加知识获取渠道。

➢ 必须进一步对生态农业多层面影响进行比较研究。

➢ 生态农业的变革性复原力建设潜力取决于其整体性和系统性，并且优于其他实践，包括：赋予生产者权力的社会运动和多学科科学范式。

➢ 科学与政策的对接至关重要。应继续开展科罗尼维亚农业联合工作（KJWA），保障顺利对接，以便将提交的材料和建议转化为实际行动。

5.2.2 向资助者、决策者和其他利益相关者提出进一步建议

为应对多层面的挑战、提高粮食与农业的气候复原力，资助者、决策者和其他利益相关者应：

➢ 接受复杂性，更系统地了解应对气候变化的挑战与采取的解决方案，整体把握环境问题，打破谷仓效应，不仅要在农业部门开展工作，还要兼顾自然资源和能源等其他部门，实现全方位政策统一。

➢ 承认当前的知识库足够强大，能够支持生态农业这一有效气候变化适应战略，并提升农民复原力。

➢ 增加生态农业方法研究投资，支持生态农业学习中心创新平台和卓越中

心开展的跨学科和参与式行动研究，促进知识的共创与共享。

➢ 向农业咨询服务机构提供生态农业动态能力提升培训，提高农民对生态农业的认识。

➢ 制定全面的绩效指标，周全考虑农业与粮食体系的所有影响，以确保各级决策合理和资源分配有效。

➢ 没有"一刀切"解决方案，更没有灵丹妙药，一切都要建立在具体背景、当地知识以及生态农业十大要素的基础上。

➢ 将生态农业纳入各项部门计划、战略或政策。尽可能在现有政策和战略基础上建立支持生态农业的政策和战略，而非革旧鼎新。因此，要摒弃支持集约生产化等错误的激励方式和阻碍政策。此外，要从各部门、多方利益相关者以及国家与地方的不可持续做法中吸取经验，以确保成功制定支持生态农业做法的战略和政策。

5.2.3 对科罗尼维亚农业联合（工作）的建议

➢ 抓住并考虑研讨会上与社会经济相关的机会与意见，推动生态农业发展。

➢ 以本研究中展示的农业复原力核心：多样性、生物多样性、土壤健康以及生态农业系统内的社会与人力资本增强为基础。

➢《联合国气候变化框架公约》和其他相关国际框架中的农业和粮食体系需要科学与政策对接。应当建立机制，以便谈判者和科学界在《联合国气候变化框架公约》进程（附属履行机构、附属科学技术咨询机构和缔约方大会）期间更密切地互动。目前，以科学为基础的活动，如会外活动，较少受到谈判者的关注和支持，谈判者和决策者都是这一过程的关键。

➢ 国家自主贡献推动：2020 年国家自主贡献修订年之际，进一步发展生态农业，以实现转型变革。

➢ 生态农业对增强粮食体系的复原力做出了贡献。为促进科罗尼维亚农业联合工作（KJWA），需要提高人们对生态农业的认识，要更加重视生态农业的非生产要素，它们是建设生态农业系统人力资本和社会资本的关键。

5.2.4 对研究人员和资助者的建议

➢ 需要进一步长期研究，以评估和确定农场系统的总体效益，特别是生态农业系统的效益。这将证明生态农业是向更可持续和更具复原力的粮食体系转型的手段。为了实现这一目标，捐助方需要资助长期研究或项目，为生态农业系统的收效提供必要的证明。

➢ 需要进一步整合科学与传统知识助力参与式行动研究，使二者相得益彰。

➢ 人力资本对于复原力建设至关重要，因此，应确保项目和方案能够充分提升受益人的能力。应为项目内的此类活动分配足够的资金。

参考文献
REFERENCES

Adamtey, N. , Musyoka, M. W. , Zundel, C. , Cobo, J. G. , Karanja, E. , Fiaboe, K. K. M. , Muriuki, A. et al. 2016. Productivity, profitability and partial nutrient balance in maize-based conventional and organic farming systems in Kenya. *Agriculture, Ecosystems and Environment*, 235:61-79. doi:10. 1016/j. agee. 2016. 10. 001.

AgriSUD. 2010. Guide de l'agroécologie en pratiques.

Agroecology Europe. 2017. *Our understanding of agroecology*. http://www. agroecology-europe. org/our-approach/our-understanding-of-agroecology/.

Alene, D. A. , Manyong, M. V. , Omanya, G. , Mignouna, D. H. , Bokanga, M. & Odhiambo, G. 2008. Smallholder market participation under transactions costs: Maize supply and fertilizer demand in Kenya. *Food Policy*, 33:318-328. doi:10. 1016/j. foodpol. 2007. 12. 001.

Altieri, A. M. , & Merrick, C. L. 1998. Agroecology and in-situ conservation of native crop diversity in the third world. In Wilson, O. E. & Peter, M. F. eds. *Biodiversity*, pp. 361-379. Washington, DC, National Academy of sciences/Smithsonian Institution.

Altieri, A. M. , Nicholls, I. C. , Henao, A. & Lana, A. M. 2015. Agroecology and the design of climate change-resilient farming systems. *Agronomy for Sustainable Development*, 35: 869-890.

Altieri, M. A. 2002. The Theoretical Basis of Agricultural Ecology. In Altieri, M. A. eds. *Agroecology: The Science of Sustainable Agriculture*. pp. 1-24. Boca Raton, Florida, CRC Press.

Altieri, M. A. 1995. *The Science of Sustainable Agriculture*. UK, CRC Press.

Altieri, M. A. 2009. Agroecology, Small Farms, and Food Sovereignty. *Monthly Review*, Environment/ Science, 61(3).

Axelrod, R. M. & Cohen, D. M. 1999. *Harnessing complexity: organizational implications of a scientific frontier*. New York, NY, Free Press.

Baker, L. , Gemmill-Herren, B. & Leippert, F. 2019. *Beacons of Hope: Accelerating Transformations to Sustainable Food Systems* [online]. Global Alliance for the Future of Food. [Cited 06/04/2020]. https:// foodsystemstransformations. org/wp-content/uploads/2019/08/BeaconsOfHope_Report_082019. pdf.

Barabas, G. , Michalska-Smith, J. M. & Allesina, S. 2017. Self-regulation and the stability of large ecological networks. *Nature Ecology and Evolution*, 1(12):1870-1875.

Becker, S. G. 1975. *Human Capital: A Theoretical and Empirical Analysis, with Special*

Reference to Education. Cambridge, UK, NBER.

Belay, A., Recha, W. J., Woldeamanuel, T. & Morton, F. J. 2017. Smallholders farmers' adaptation to climate change and determinants of their adaptation decisions in the Central Rift Valley of Ethiopia. *Agriculture and Food Security*, 6:24.

Berkes, F. 2007. Understanding uncertainty and reducing vulnerability: lessons from resilience thinking. *Natural Hazards*, 41:283-295.

Bezner Kerr, R., Kangmennaang, J., Dakishoni, L., Nyantakyi-Frimpong, H., Lupafya, E., Shumba, L., Msachi, R. et al. 2019. Participatory agroecological research on climate change adaptation improves smallholder farmer household food security and dietary diversity in Malawi. *Agriculture, Ecosystems & Environment*, 279:109-121.

Biovision Foundation for Ecological Development & IPES-Food. 2020. Money Flows: What is holding back investment in agroecological research for Africa? Biovision Foundation for Ecological Development & International Panel of Experts on Sustainable Food System. https://www.agroecology-pool.org/moneyflowsreport/.

Biovision Foundation for Ecological Development. N. d. Agroecology Criteria Tool(ACT). In: *Agroecology Info Pool* [online]. Zurich, Switzerland. [Cited 04 April 2020]. https://www.agroecology-pool.org/methodology/.

Cabell, J. F. & Oelofse, M. 2012. *An indicator framework for assessing agroecosystem resilience. Ecology and Society*, 17(1):18. doi:10.5751/ES-04666-170118.

Carpenter, S., Walker B., Anderies, M. J., & Abel, N. 2001. From Metaphor to Measurement: Resilience of what to what?. *Ecosystems*, 4:765-781.

Chamberlin, J. & Jayne, T. S. 2013. Unpacking the Meaning of "Market Access": Evidence from Rural Kenya. *World Development*, 41(1), 245-264. doi:10.1016/j.worlddev.2012.06.004.

Chiriacò, M. V., Perugini, L. and Bombelli, A. Bernoux, M., Gordes A. and Kaugure, L. 2019a. *Koronivia joint work on agriculture: analysis of submissions on topic 2(A)-Modalities for implementation of the outcomes of the Five in-session workshops*. Environment and Natural Resources Management Working Paper no. 74. Rome, FAO. 32 pp.

Cissé, M. 2018. Synthèse de travaux de recherches sur des méthodes de fertilisation organique pour améliorer la productivité agricole au Sénégal. endapronat.org.

Chiriacò, M. V., Perugini, L., Bellotta, M., Bernoux, M. & Kaugure, L. 2019b. *Koronivia Joint Work on Agriculture: analysis of submissions on topics 2(b) and 2(c)*. Environment and Natural Resources Management Working Paper no. 79. Rome, FAO. 52 pp.

Choptiany, M. H. J., Phillips, S., Graeub, E. B., Colozza, D., Settle, W., Herren, B & Batello, C. 2017. SHARP: Integrating a traditional survey with participatory self-evaluation and learning for climate change resilience assessment. *Climate and Development*, 9:6, 505-517.

Chotte, L. J., Aynekulu, E., Cowie, A., Campell, E., Vlek, P., Lal, R., Kapovic-Solomun, M., von Maltitz, G., Kust, G., Bergar, N., Vargas, R. & Gastrow, S. 2019. *Realising the carbon benefits of sustainable land management practices: Guidelines for estimation of soil* *organic carbon in the context of land degradation neutrality planning and monitoring. A report for science policy interface*. United Nations Convention to Combat Desertification (UNCCD), Bonn, Germany.

CIAT/USAID. 2016. *Climate-Smart Agriculture in Senegal* [online]. CSA Country Profiles for Africa Series. Washington, D. C., International Center for Tropical Agriculture (CIAT), United States Agency for International Development(USAID). [Cited 8 November 2018]. https://cgspace.cgiar.org/ handle/10568/74524.

Climate Action Network International. 2018. *Submission: Koronivia Joint Work on Agriculture (KJWA)*. Submission to SB49. (also available at https://www4. unfccc. int/sites/Submis-sionsStaging/Documents/201810221614---CAN _ KJWA _ Submission _% 20October2018. pdf).

CNS-FAO. 2019. *Agroecology as a means to achieve the Sustainable Development Goals*. Switz-erland. (also available at https://www. oneplanetnetwork. org/CNS-FAO-acroecology).

Côte d'Ivoire. 2015. *Intended Nationally Determined Contributions for Côte d'Ivoire*.

Côte, F-X., Poirier-Magona, E., Perret, S., Rapidel, B., Roudier, P. & Thirion M. C., eds. 2019. *The agroecological transition of agricultural systems in the Global South. Agricultures et défis du monde collection*, AFD. Versailles, CIRAD, éditions Quæ.

Crowder, D. W. & Reganold, J. P. 2015. Financial competitiveness of organic agriculture on a global scale. *Proceedings of the National Academy of Sciences*, 112(24):7611-7616.

Cumming, G. S., Barnes, G., Perz, Z., Schmink, M., Sieving, E. K., Southworth, J., Binford, M., Holt, R. D., Stickler C. & Van Holt T. 2005. An Exploratory Framework for the Empiri-cal Measurement of Resilience. *Ecosystems*, 8:975-987.

D'Annolfo, R., Gemmill-Herren, B., Graeub, B. & Garibaldi, L. A. 2017. A review of social and economic performance of agroecology. *International Journal of Agricultural Sustainabili-ty*, 15(6):632-644.

Darijani, F., Veisi, H., Liaghati, H., Nazari, R. & Khoshbakht, K. 2019. Assessment of resili-ence of pistachio agroecosystems in Rafsanjan Plain in Iran. *Sustainability*, 11(6):1656.

Darnhofer. I. 2010. Strategies of family farms to strengthen their resilience. *Environmental Policy and Governance*, 20:212-222.

Davis, K., Nkonya, E., Kato, E., Mekonnen, D., Odendo M., Miiro, R. & Nkuba, J. 2012. Im-pact of farmer field schools on agricultural productivity and poverty in East Africa. *World Development*, 40(2).

Debray, V., Derkimba, A., Roesch, K. 2015. *Agroecological innovations in a context of climate change in Africa* [online]. Paris, France, [Cited 27 August 2018] https://www. avsf. org/ public/posts/1893/agroecological_innovations_africa_vdebray_avsf-cari-isara_2015. pdf.

Dror, I., Cadilhon, J. J., Schut, M., Misiko, M. & Maheshwari, S. eds. 2016. *Innovation Plat-forms for Agricultural Development*. New York, Routledge.

DYTAES. 2019. *Atelier de restitution des Ateliers zonaux de consultations locales sur la tran-*

sition agroécologique au Sénégal. Eco-Cultural Mapping Workshop Tharaka, Kenya 2011.

Enda Pronat. 2012. Des pesticides à une agriculture saine et durable.

European Union. 2019. *Submission by Romania and the European Commission on behalf of the European Union and its Members*. Submission to SB50. Bucharest, Romania. (also available at https://www4. unfccc. int/sites/SubmissionsStaging/Documents/201905061039---RO-05-06%20 EU%20Sumission%20KJWA. pdf).

FAO. 2005a. *Irrigation in Africa in figures-AQUASTAT Survey Kenya*.

FAO. 2005b. *Irrigation in Africa in figures-AQUASTAT Survey Senegal*.

FAO. 2015. *Self-evaluation and holistic assessment of climate resilience of farmers and pastoralists(SHARP)*. Rome.

FAO. 2018a. *Second International Symposium on Agroecology: Scaling up agroecology to achieve Sustainable Development Goals*. Rome.

FAO. 2018b. *The 10 elements of agroecology: Guiding the transition to sustainable food and agricultural systems*. Rome. (also available at http://www. fao. org/3/i9037en/i9037en. pdf).

FAO. 2018c. *Koronivia Joint Work on Agriculture: Analysis of Submissions*. Environment and Natural Resources Management Series, Working Paper 71, Rome. 52 pp. (also available at http://www. fao. org/3/CA2586EN/ca2586en. pdf).

FAO. 2019a. *The State of the World's Biodiversity for Food and Agriculture*. J. Bélanger & D. Pillingt, eds. FAO Commission on Genetic Resources for Food and Agriculture Assessments. Rome. pp. 572. (also available at http://www. fao. org/3/CA3129EN/ca3129en. pdf).

FAO. 2019b. *Submission by the Food and Agriculture Organization of the United Nations (FAO)to the United Nations Framework Convention on Climate Change(UNFCCC)in relation to the Koronivia joint work on agriculture(4/CP. 23)on topic 2(d)*. Rome, Italy. 5 pp. (also available at https://www4. unfccc. int/sites/SubmissionsStaging/Documents/201909271709---FAO%20Submission%20on%20 KJWA_2(d). pdf).

FAO. 2019c. TAPE Tool for Agroecology Performance Evaluation 2019-Process of development and guidelines for application. Test version. Rome. http://www. fao. org/3/ca7407en/CA7407EN. pdf.

FAOSTAT. N. d. *Senegal*[online]. Rome. [Cited 12 November 2018]. http://www. fao. org/faostat/en/#country/195.

Folke, C. 2006. *Resilience: The emergence of a perspective for social-ecological systems analyses. Global Environmental Change*, 16(3): 253-267. doi: 10. 1016/j. gloenvcha. 2006. 04. 002.

Fritzsche, K. , Scheiderbauer, S. , Bubeck, P. , Kienberger, S. , Buth, M. , Zebisch, M. & Kahlrnborn, W. 2014. *The Vulnerability Sourcebook. Concept and guidelines for standardised vulnerability assessments*. Bonn and Eschborn, Deutsche Gesellschaft fur Internationale

Zusammenarbeit(GIZ).

Gattinger, A., Muller, A., Haeni, M., Skinner, C., Fliessbach, A., Buchmann, N., Mäder, P., Stolze, M., Smith, P., Scialabba, N. E. & Niggli, U. 2012. Enhanced top soil carbon stocks under organic farming. *Proceedings of the National Academy of Sciences*, 109 (44): 18226-18231.

Gil, D. B. J., Cohn, S. A., Duncan, J., Newton, P. & Vermeulen, S. 2017. The Resilience of Integrated Agricultural Systems to Climate Change. WIREs Climate Change, 8(4).

Gitz, V. & Meybeck, A. 2012. Risks, vulnerabilities and resilience in a context of climate change. In A. Meybeck, J. Lankoski, S. Redfern, N. Azzu & V. Gitz, eds. *Building resilience for adaptation to climate change in the agriculture sector*. Proceedings of a joint FAO/OECD Workshop, pp. 19-36. Rome, FAO and Paris, OECD.

Gliessman, S. 2014. *Agroecology: The Ecology of Sustainable Food Systems*. Third Edition. Florida, CRC Press.

Gliessman, S. 2016. Transforming food systems with agroecology. *Agroecology and Sustainable Food Systems*, 40(3), pp. 187-189. doi:10.1080/21683565.2015.1130765.

Government of the Republic of Kenya(GoK). 2010a. *National Climate Change Response Strategy*. Nairobi, Kenya. (also available at https://cdkn.org/wp-content/uploads/2012/04/National-Climate-Change-Response-Strategy_April-2010.pdf).

Government of the Republic of Kenya(GoK). 2010b. *Agricultural Sector Development Strategy 2010-2020*. Nairobi, Kenya. (also available at http://extwprlegs1.fao.org/docs/pdf/ken140935.pdf).

Government of the Republic of Kenya(GoK). 2017. *Kenya Climate Smart Agriculture Strategy-2017-2026*. Nairobi, Kenya. (also available at:https://www.adaptation-undp.org/sites/default/files/resources/kenya_climate_smart_agriculture_strategy.pdf).

Government of the Republic of Kenya(GoK). 2018a. *Kenya Climate Smart Agriculture Implementation Framework-2018-2027*. Nairobi, Kenya. (also available at http://www.kilimo.go.ke/wp-content/uploads/2018/11/KCSAIF-2018-_2027-1.pdf).

Government of the Republic of Kenya(GoK). 2018b. *National Climate Change Act Plan 2018-2022*. Nairobi, Kenya:Ministry of Environment and Forestry.

Goldberger, J. R. 2008. Non-governmental organizations, strategic bridge building, and the "scientization" of organic agriculture in Kenya. *Agriculture and Human Values*, 25(2):271-289. doi:10.1007/s10460-007-9098-5.

Guerry, D. A., Polasky, P., Lubchenco, J., Chaplin-Kramer, R., Daily, G. C., Griffin, R., Ruckelshaus, M. et al. 2015. Natural capital and ecosystems services informing decisions: from promise to practice. PNAS. 112(24):7348-7355.

Gupta, J. 2010. A history of international climate change policy. *WIREs Climate Change*, 1 (5):636-653. doi:10.1002/wcc.67.

Heckelman, A., Smukler, S. & Wittman, H. 2018. Cultivating climate resilience: A participatory assessment of organic and conventional rice systems in the Philippines. *Renewable Agriculture and Food Systems*, 33(3):225-237. doi:10.1017/S1742170517000709.

Himanen. J. S. , Makinen. H. , Rimhanen. K. & Savikko. R. 2016. Engaging farmers in climate change adaptation planning: assessing intercropping as means to support farm adaptive capacity. Agriculture, 6(34).

High Level Panel of Experts(HLPE). 2019. *Agroecological and other innovative approaches for sustainable agriculture and food systems that enhance food security and nutrition.* Rome, High Level Panel of Experts on Food Security and Nutrition of the Committee on World Food Security.

Holt-Giménez, E. 2002. Measuring farmers' agroecological resistance after Hurricane Mitch in Nicaragua:a case study in participatory, sustainable land management impact monitoring. *Agriculture, Ecosystems and Environment*, 93:87-105.

International Assessment of Agricultural Knowledge, Science and Technology for Development (IAASTD). 2009. *Agriculture at a Crossroads: Global Report.* B. D. McIntyre, H. R. Herren, J. Wakhungu, and R. T. Watson, eds. Washington, DC: Island Press.

Intergovernmental Science-Policy Platform on Biodiversity and Ecosystem Services (IPBES). 2019. *Global assessment report on biodiversity and ecosystems services.* Bonn, Germany. (also available at https://www. ipbes. net/global-assessment-report-biodiversity-ecosystem-services).

ICE. 2011. Eco-Cultural Mapping Workshop Tharaka, Kenya.

IPCC. 1990. *Climate Change: The IPCC Response Strategies.* Geneve, Switzerland. (also available at: https://www. ipcc. ch/site/assets/uploads/2018/03/ipcc_far_wg_III_full_report. pdf).

IPCC. 2012. *Managing the Risks of Extreme Events and Disasters to Advance Climate Change Adaptation.* A Special Report of Working Groups I and II of the Intergovernmental Panel on Climate Change. Cambridge University Press, Cambridge, UK, and New York, USA, 582 pp.

IPCC. 2014a. *Climate Change 2014:Impacts, Adaptation, and Vulnerability. Part A: Global and Sectoral Aspects. Contribution of Working Group II to the Fifth Assessment Report of the Intergovernmental Panel on Climate Change.* Cambridge University Press, Cambridge, United Kingdom and New York, USA. 1132 pp.

IPCC. 2014b. Long-term Climate Change: Projections, Commitments and Irreversibility. In Intergovernmental Panel on Climate Change ed. *Climate Change 2013-The Physical Science Basis.* pp. 1029-1136. Cambridge, UK, Cambridge University Press, doi: 10. 1017/CBO9781107415324.024.

IPCC. 2018. *Global Warming of 1.5℃. An IPCC Special Report on the impacts of global warming of 1.5℃ above pre-industrial levels and related global greenhouse gas emission pathways, in the context of strengthening the global response to the threat of climate* *change, sustainable development, and efforts to eradicate poverty*. Geneve, Switzerland. 630 pp.

IPCC. 2019. *Climate Change and Land: An IPCC special report on climate change, desertification, land degradation, sustainable land management, food security and greenhouse gas fluxes in terrestrial ecosystems*. Geneve, Switzerland. 906 pp.

IPES-Food(International Panel of Experts on Sustainable Food Systems). 2016. *From uniformity to diversity. A paradigm shift from industrial agriculture to diversified agroecological systems*. E. A. Frison. Louvain-la-Neuve, Belgium http://www. ipes-food. org/images/ Reports/ UniformityToDiversity_FullReport. pdf.

Jaetzold, R. , Schmidt, H. , Hornetz, B. , Shisanya, C. 2011. *Farm management Handbook of Kenya, Vol. II-Natural Conditions and Farm Management Information*. 2nd Edn. Nairobi, Kenya, Ministry of Agriculture.

Kemp, R. , Loorbach, D. & Rotmans, J. 2007. Transition management as a model for managing processes of co-evolution towards sustainable development. *International Journal of Sustainable Development and World Ecology*, 14:78-91.

KIPPRA. 2015. The Kenya Institute for Public Policy Research and Analysis, *Public policy formulation process in Kenya*, www. kippra. org.

KMD. 2019. Kenya Meteorological Department(2019). *Review of rainfall during the March-April-May(MAM) 2019 "Long Rains" season and the outlook for the June-July-August (JJA) 2019 period*.

Knapp, S. & van der Heijden, M. G. A. 2018. A global meta-analysis of yield stability in organic and conservation agriculture. *Nature Communications*, 9(1):3632.

Knook, J. , Eory, V. , Brander, M. & Moran, D. 2018. Evaluation of farmer participatory extension programmes. *The Journal of Agricultural Education and Extension*, 24(4):309-325.

Krause, J. & Machek, O. 2018. A comparative analysis of organic and conventional farmers in the Czech Republic. *Agricultural Economics*, 64:1-8.

Lagana M. H. , Nakwang C. & Muhamad J. 2018. *Integrating climate resilience into agricultural and pastoral production in Uganda through a Farmer/Agro-pastoralist Field School Approach: Baseline Survey Report*. Food and Agriculture Organisation.

Lin, B. B. 2007. Agroforestry Management as an Adaptive Strategy against Potential Microclimate Extremes in Coffee Agriculture. *Agricultural and Forest Meteorology*. 144:85-94.

Lipper, L. & Zilberman, D. 2017. A Short History of the Evolution of the Climate Smart Agriculture Approach and Its Links to Climate Change and Sustainable Agriculture Debates. In: L. Lipper, N. McCarthy, D. Zilberman, S. Asfaw &. G. Branca, eds. *Climate Smart Agriculture*. Natural Resource Management and Policy book series vol. 52. Switzerland, Springer. (also available at https://link. springer. com/chapter/10. 1007%2F978-3-319-61194-5_2).

Lizarazu, Z. W. , Zatta, A. & Monti, A. 2012. Water uptake efficiency and above-and below-ground biomass development of sweet sorghum and maize under different water regimes.

Plant Soil. 351:47-60.

Lobell, D. B., Burke, M. B., Tebaldi, C., Manstrandrea, M. D., Falcon, W. P. & Rosamond, L. N. 2008. Prioritizing Climate Change Adaptation Needs for Food Security in 2030. *Science*, 319(5863):607-610.

Luck, W. G., Daily, C. G. & Ehrlich. R. P. 2003. Population diversity and ecosystem services. *Trends in Ecology and Evolution*, 18(7):331-336.

Lyngbaek, E. A., Muschler, G. R. & Sinclair, L. F. 2001. Productivity and profitability of multistrata organic versus conventional coffee farms in Costa Rica. *Agroforestry Systems*. 53:205-213.

Masike, S. & Urich, P. 2009. The Projected Cost of Climate Change to Livestock Water Supply and Implications in Kgatleng District, Botswana. *World Journal of Agricultural Science*, 5(5):597-603.

Masinde, M. 2015. An effective drought early warning system for sub-Saharan Africa: integrating modern and indigenous approaches. *African Journal of Science, Technology, Innovation and Development*. 7:8-25.

Mbow, C., Noordwijk, V. M., Lueddeling, E., Neufeldt, H., Minang, A. P., & Kowero, G. 2014. Agroforestry solutions to address food security and climate change in Africa. *Environmental Sustainability*, 6:61-67.

Mburu, G. N. d. *Collective action for restoration of degraded ecosystems in Kenya*. (Report 1).

McSweeney, K. C., New, M. & Lizcano, G. 2010. *UNDP Climate Change Country Profiles Senegal General Climate* [online]. [Cited 7 November 2018]. (also available at http://country-profiles. geog. ox. ac. uk).

MEDD. 2016. Lette de Politique du Secteur de l'Environnement et du développement durable (LPSEDD)2016-2020.

Mier, M., Giménez Cacho., T., Giraldo. F. O., Aldaeoro. M., Morales. H., Ferguson. G. B., Rosset. P., Khadse. A. & Campos C. 2018. Bringing agroecology to scale: key drivers and emblematic cases, *Agroecology and Sustainable Food Systems*. 42(6):637-665. doi:10.1080/21683565.2018.1443313.

Miles, A., DeLonge, S. M. & Carlisle, L. 2017. Triggering a positive research and policy feedback cycle to support a transition to agroecology and sustainable food systems. *Agroecology ad Sustainable Food Systems*, 41(7):855-879.

Milestad, R., Westberg, L., Geber, U. & Bjorklund. J. 2010. Enhancing adaptive capacity in food systems. *Ecology and Society*, 15(3):29. doi:10.5751/ES-03543-150329.

Ministry of Agriculture, Livestock and Fisheries (MOALF). 2017. *National Food and Nutrition Security Policy Implementation Framework* 2017-2022. Nairobi, Kenya.

Ministry of Agriculture, Livestock and Fisheries (MOALF). 2018. *Agriculture Sector Transformation and Growth Strategy*. Nairobi, Kenya. (also available at: http://www. kilimo. go. ke/wp-content/ uploads/2019/01/ASTGS-Full-Version. pdf).

Nicholls, C. I. & Altieri, M. A. 2018. Pathways for the amplification of agroecology. *Agroecology and Sustainable Food Systems*, 42(10):1170-1193.

Osumba, J. Forthcoming. *Kenya CSA-Agroecology Nexus*. Policy Assessment. Unpublished report.

Pamuk, H., Bulte, E. & Adekunle, A. A. 2014. Do decentralized innovation systems promote agricultural technology adoption? Experimental evidence from Africa. *Food Policy*, 44: 227-236.

Peterson, G, Allen, C. R, & Holling, C. S. 1998. Ecological resilience, biodiversity, and scale. *Ecosystems*, 1:6-18.

Poulsen, J. R, Clark, C. J, Connor, E. F, & Smith, T. B. 2002. Differential resource use by primates and hornbills: implications for seed dispersal. *Ecology*, 83:228-40.

Phillips, S. N. d. *Connaissances locales et perceptions des agriculteurs sur le changement climatique au Sénégal Guide méthodologique*.

Picasso, D. V., Brummer, E. C., Liebman, M., Dixon, M. P. & Wilsey, J. B. 2011. Diverse perennial crop mixtures sustain higher productivity overtime based on ecological complementarity. *Renewable Agriculture and Food Systems*. 26(4):317-327.

Pittelkow, C. M., Liang, X., Linquist, B. A., Van Groenigen, K. J., Lee, J., Lundy, M. E., van Gestel, N., Six, J., Venterea, R. T. & van Kessel, C. 2015. Productivity limits and potentials of the principles of conservation agriculture. *Nature*, 517(7534):365-368.

Pratt, C. A. 2015. Resilience, locality and the cultural economy. *City, Culture and Society*, 6: 61-67.

Recha, C. W., Makokha, G. L., Shisanya, C. A. & Mukopi, M. N. 2017. Climate Variability: Attributes and Indicators of Adaptive Capacity in Semi-Arid Tharaka Sub-County, Kenya. *Open access Library Journal*, 04(05), 1-14. doi:10.4236/oalib.1103505.

Republic of Burundi. 2015. *Intended Nationally Determined Contributions*. 14 pp. (also available at https://www4. unfccc. int/sites/ndcstaging/Published Documents/Burundi%20First/Burundi_ INDC-english%20version. pdf).

Republic of Honduras. 2015. *Intended Nationally Determined Contributions*. 8 pp. (also available at https://www4. unfccc. int/sites/ndcstaging/PublishedDocuments/Honduras% 20 First/Honduras%20INDC_esp. pdf).

Republic of Rwanda. 2015. *Intended Nationally Determined Contributions for the Republic of Rwanda*. 58 pp. (also available at https://www4. unfccc. int/sites/ndcstaging/PublishedDocuments/Rwanda%20First/INDC_Rwanda_Nov. 2015. pdf).

Republic of Venezuela. 2015. *Intended Nationally Determined Contributions for the Fight against Climate Change and its effects*. 40 pp. (also available at https://www4. unfccc. int/sites/ndcstaging/PublishedDocuments/Venezuela%20First/Primera%20%20NDC%20 Venezuela. pdf).

République du Sénégal. 2006. *Plan d'action national pour l'adaptation aux changements climatiques*.

Sachs, J. , Schmidt-Traub, G. , Kroll, C. , Lafortune, G. , Fuller, G. 2019. *Sustainable Development Report* 2019. New York: Bertelsmann Stiftung and Sustainable Development Solutions Network(SDSN). (also available at https://sdgindex. org/reports/sustainable-development-report-2019/).

Sanders, J. & Hess, J. , eds. 2019. *Leistungen des ökologischen Landbaus für Umwelt und Gesellschaft*. Thünen Report. Braunschweig, Johann Heinrich von Thünen-Institut.

Schut. M. , Kamanda. J. , Gramzow. A. , Dubois. T. , Stoian. D. , Anderson. A. J. , Dros. I. et al. 2019. Innovation Platforms in Agricultural Research for Development: Ex-ante Appraisal of the Purposes and Conditions Under Which Innovation Platforms can Contribute to Agricultural Development Outcomes. *Experimental Agriculture*, 55(4): 575-596.

Seufert, V. 2019. Comparing Yields: Organic Versus Conventional Agriculture. *Encyclopedia of Food Security and Sustainability*. P. Ferranti, E. M. Berry and J. R. Anderson, eds.. Oxford, Elsevier: 196-208.

Seufert, V. & Ramankutty, N. 2017. Many shades of gray-The context-dependent performance of organic agriculture. *Science Advances*, 3(3).

Sinclair, F. & Coe, R. 2019. The options by context approach: a paradigm shift in agronomy. *Experimental Agriculture*, 55(S1): 1-13.

Sinclair, F. , Wezel, A. , Mbow, C. , Chomba, S. , Robiglio, V. , & Harrison, R. 2019. *The Contribution of Agroecological Approaches to Realizing Climate-Resilient Agriculture* [online]. Rotterdam and Washington, DC. [Cited 06 April 2020]. https://cdn. gca. org/assets/2019-09/TheContributionsOfAgroecologicalApproaches. pdf.

St-Louis. M. , Schlickenrieder. J & Bernox. M. 2018. *The Koronivia Joint Work on agriculture and the convention bodies: an overview*. FAO, Rome. (also available at http://www. fao. org/3/ca1544en/ CA1544EN. pdf and https://cop23. com. fj/countries-reach-historic-agreement-agriculture/).

Strohmaier, R. , Rioux, J. , Seggel, A. , Meybeck, A. , Bernoux, M. , Salvatore, M. , Miranda, J. & Agostini, A. 2016. *The agriculture sectors in the Intended Nationally Determined Contributions: Analysis*. FAO Environment and Natural Resources Management Working Paper No. 62. Rome, FAO. (also available at http://www. fao. org/3/a-i5687e. pdf).

Swiderska, K. , Hannah, R. , Song, Y. , Li, J. , Mutta, D. , Ongungo, P. , Pakia, M. , Oros, R. & Barriga, S. 2011. *The role of traditional knowledge and crop varieties in adaptation to climate change and food security in SW China, Bolivian Andes and Coastal Kenya*. Paper prepared for the UNU-LAS workshop on Indigenous Peoples, Marginalised Populations and climate change: Vulnerability, adaptation and traditional knowledge, Mexico, July 2011.

Thierfelder, C. , Chivenge, P. , Mupangwa, W. , Rosenstock, C. L. & Eyre, J. X. 2017. How Climate-Smart is Conservation Agriculture?-Its potential to deliver on adaptation, mitigation and productivity on smallholder farmers in Southern Africa. *Food Security*, 9: 537-560.

Touré O. & Sylla I. 2019. Etude de faisabilité du programme sur le partenariat multi-acteurs pour la transition agroécologique. Etude réalisée dans le cadre d'un projet de collaboration avec Enda Pronat.

Uematsu, H. , & Mishra, K. S. 2012. Organic farmers or conventional farmers: Where's the money? *Ecological Economics*, 78:55-62.

UN. 1992. *United Nations Framework Convention on Climate Change*. New York, General Assembly. (also available at https://unfccc. int/files/essential_background/background_publications_htmlpdf/application/pdf/conveng. pdf).

UN. 1998. *Kyoto Protocol to the United Nations Framework Convention on Climate Change*. (also available at https://unfccc. int/resource/docs/convkp/kpeng. pdf).

UNFCCC. 2019a. *Modalities for implementation of the outcomes of the five in-session workshops on issues related to agriculture and other future topics that may arise from this work: Workshop report by the secretariat*. Bonn, Germany. (also available at https://unfccc. int/sites/default/files/resource/sb2019_inf1. pdf).

UNFCCC. 2019b. *Methods and approaches for assessing adaptation, adaptation co-benefits and resilience: Workshop report by the secretariat*. Bonn, Germany. (also available at https://unfccc. int/sites/default/files/resource/sb2019_01_advance. pdf).

UNFCCC. 2019c. *Improved soil carbon, soil health and soil fertility under grassland and cropland as well as integrated systems, including water management: Workshop report by the secretariat*. Bonn, Germany. (also available at https://unfccc. int/sites/default/files/resource/sb2019_02_ advance. pdf).

USAID. 2018. *Climate Risk Profile Kenya*. (also available at https://www. climatelinks. org/sites/default/files/asset/document/2018 _ USAID-ATLAS-Project _ Climate-Risk-Profile-Kenya. pdf).

Valencia, V. , Wittman, H. & Blesh, J. 2019. Structuring markets for resilient farming systems. *Agronomy for Sustainable Development*. 39:25.

Van der Ploeg, J. D. , Barjolle, D. , Bruil, J. , Brunori, G. , Costa Madureira, L. M. , Dessein, J. , Drag, Z. et al. 2019. The economic potential of agroecology: Empirical evidence from Europe. *Journal of Rural Studies*, 71:46-61.

Wankuru, P. C. , Dennis, A. C. K. , Umutesi, A. , Nderitu, P. C. , Katunda, C. M. , Oludamilola, S. S. , Komba, L. C. , Tim, N. , Johann, U. P. & Francis, P. A. H. 2019. *Kenya Economic Update: Unbundling the Slack in Private Sector Investment-Transforming Agriculture Sector Productivity and Linkages to Poverty Reduction*. Kenya economic update no. 19. Washington, D. C. : World Bank Group. (also available at http://documents. worldbank. org/curated/en/820861554470832579/Kenya-Economic-Update-Unbundling-the-Slack-in-Private-Sector-Investment-Transforming-Agriculture-Sector-Productivity-and-Linkages-to-Poverty-Reduction).

WB, C. 2015. *Climate-Smart Agriculture in Kenya*.

Wezel, A. , Bellon, S. , Doré, T. , Francis, C. , Vallod, D. & David, C. 2009. Agroecology as a science, a movement and a practice. A review. *Agronomy for Sustainable Development*, 503-515.

Wezel, A. , Casagrande, M. , Celette, F. , Vian, J. , Ferrer, A. & Peigne, J. 2014. Agroecological practices for sustainable agriculture. A review. *Agronomy for Sustainable Development*, 34: 1-20.

Wezel, A. & Silva, E. 2017. Agroecology and agroecological cropping practices. In: A. Wezel, ed. Agroecological practices for sustainable agriculture: principles, applications, and making the transition, pp. 19-51. Hackensack, USA, World Scientific Publishing.

Wigboldus, S. , Klerkx, L. , Leeuwis, C. , Schut, M. , Muilerman, S. & Jochemsen, H. 2016. Systemic perspectives on scaling agricultural innovations. A review. *Agronomy for Sustainable Development*, 36:46. (also available at https://doi. org/10. 1007/s13593-016-0380-z).

World Bank. N. d. *Agriculture, forestry, and fishing, value added(% of GDP)-Senegal* [online]. Washington, D. C. [Cited 12 November 2018]. https://data. worldbank. org/indicator/NV. AGR. TOTL. ZS?locations＝SN.

World Meteorological Organization(WMO). 1979. *Proceedings of the World Climate Conference*. Geneve, Switzerland. (also available at https://library. wmo. int/pmb_ged/wmo_537_en. pdf).

WFP. 2014. Senegal-Bulletin sur l'evolution des prix, 2014. https://www. wfp. org/node/3295.

附　　录

附录 1　受访利益相关者清单（2.3 和 2.4）

参与/未参与 科罗尼维亚农业联合工作	受访者来源	受访者来源	姓　名
参与	政府（4）	塞内加尔谈判代表	Lamine Diatta 先生
参与		法国谈判代表	Valerie Dermaux 女士
参与		肯尼亚谈判代表	Veronica Ndetu 女士
参与		瑞士谈判代表	Christine Zundel 女士
参与	联合国组织（2）	气候变化，自然资源官员	Martial Bernoux 先生
参与		气候变化，自然资源官员	Julia Wolf 女士
未直接参与		气候变化、农业和粮食安全研究计划	Dhanush Dinesh 先生
参与	研究所（5）	法国国家农业科学研究所	Jean-Francois Soussana 先生
未直接参与		法国国家农业科学研究所	Claire Weill 女士
未参与		法国国家农业科学研究所	Allison Loconto 女士
参与		法国可持续发展与国际关系研究所	Sébastien Treyer 先生
未参与	民间社会组织和环境组织（3）	可持续粮食体系国际专家小组	Emile A. Frison 先生
参与		天主教教济会	Sarah Lickel 女士
未参与		Le Gret	Laurent Levard 先生
参与	农民组织（1）	英国农民联盟	Ceris Jones 女士

附录 2　文献综述

2.1　元分析和综述

我们从两个方面进行了元分析检索：①生态农业生产系统或与之密切相关的农业实践或生产系统（如有机农业或农林业）的表现（针对农艺、环境或社会等指标进行考察）；②可持续性指标与一般农业生产系统或生态农业特征之间的关系，这些特征与生态农业生产系统的特征和气候变化适应密切相关；多样性与生产力之间的关系就是一个例子。通过检索谷歌学术论文，并与有关专家探讨分析，得出元分析结果。

检索词为"元分析""元综述"和"综述"，结合生产系统的检索词："生态农业""农林业""有机农业""有机耕作""朴门永续设计""少耕"或系统特征（"多样性"），以及与气候变化影响和适应有关的指标（"生产力""产量""绩效""收入""稳定性""复原力""极端事件""干旱""虫害""疾病"）和这些术语的变体。这些检索词涵盖了气候变化适应力和复原力的主要特征（粮农组织，2015）。

在编制此文献数据库时，我们还加入了浏览研究报告时偶然发现的相关文献，例如从参考文献列表发现或由其他研究人员直接指出的文献。

我们检索到 51 篇综述，其中 33 篇为统计元分析，18 篇为描述性的文献综述。

这些元分析和综述也涵盖了上述确定的单一系统比较研究的部分内容。然而，这并非问题所在，因为对单一系统比较研究的搜索和分析旨在识别并汇总关于"生态农业"（以及一些密切相关的系统）和"气候变化适应力"的证据，而元分析则是为了明晰二者的具体特点。

2.2　元分析结果汇编，研究数值与基线的对比变化

列指涉及的指标；行指所分析的系统、做法、特征。

数值：相对于基线的变化百分比；一些研究指出不同的子指标具有不同的数值。在下表中，我们将结果总结为定性的数值和趋势，这些数值用"＋"和"－"来表示；同一单元中不同研究的数值用"；"分隔。粗体字：差异显著；正常字体：无明显差异。

　　　　：表示与基线相比表现较好（　　　　：表示差距不明显）

■ ：表示与基线相比表现较差（■ ：表示差距不明显）

■ ：表示无影响

▮ ：表示元分析中提出的做法并非在所有情况下都被认为属于生态农业实践

▨ ：表示指时间稳定性/可变性指标

					指标					
					土壤健康					
系统、做法、特点	土壤有机碳含量	土壤有机碳固定速率	土壤有机碳和碳固定稳定性	土壤总氮	土壤团聚体稳定性	土壤干密度	渗透	土壤流失	地表径流	土壤肥力/多种有益的物理土壤特性
有机农业	+[6]	+[6]	0[13]		15[23]	−4[23]	137[23]	−22[23]	−26[23]	
低投入系统								−[24]		
农林业（包括林牧系统）										+[24]
免耕	5[1]									+[12]
少耕	5[1]；+[34]			+[34]		+[34]				+[12]；+[34]
覆盖作物	5[1]；8[30]			13[30]						
生物炭	35[1]									
有机肥料（包括田间残留）	+[34]			+[34]						+[12]
轮作/作物多样性/间作	+[30]	+[32]		+[30]						
草地多样性										
总体生物多样性										

（续）

	指标											
	土壤生物多样性											
系统、做法、特点	土壤微生物活性	土壤微生物生物量	土壤微生物功能多样性	土壤生物多样性/微生物多样性/肥力	土壤细菌多样性	土壤微生物和中小型生物多样性	土壤微生物群落丰度	丛枝菌根真菌多样性	线虫丰度	线虫群落多样性/稳定性	食物网指数	蚯蚓丰度和生物量
有机农业	50[14]	45[14]		2[1]			60[14]					85[23]
低投入系统			0[5]		5[1]	−5[1]		15[1]	+[13]			
农林业（包括林牧系统）	+[20]											
免耕												
少耕	+[34]	+[34]								+[29]	+[29]	
覆盖作物		+[30]										
生物炭												
有机肥料（包括田间残留）			10[1]		7[4]	10[1]			+[13]	0[5]	0[5]	
轮作/作物多样性/间作			25[30]	3[25]；15[25]								
草地多样性												
总体生物多样性												

（续）

系统、做法、特点	总体生物多样性				植物保护			
	物种丰度	物种丰度/多样性	节肢动物多样性/丰度	物种丰度稳定性	天然植物保护	生物防治水平	动物害虫数量	杂草丰度
有机农业	+[22]；30[27]	+[27]	+[28]	+[33]		+[15]	−[15]	+[15]
低投入系统	9[2]；+[13]							
农林业（包括林牧系统）	50[20]；+[24]	50[20]						
休耕								
少耕								
覆盖作物								
生物炭								
有机肥料（包括田间残留）	+[13]							
轮作/作物多样性/间作	15[25]				+[11]			
草地多样性								
总体生物多样性								

（续）

系统、做法、特点	生产力									就业健康	
	病原菌丰度	总生物量生产	总产量稳定性	产量	产量稳定性	资源利用效率	生态系统服务稳定性	收益性	成本和利润稳定性	农村就业	接触农药
有机农业	-15		-20^{21}		-15^{9}	0^{9}		$+26$	0^{9}	$+22$	-22
低投入系统			-20^{2}								
农林业（包括林牧系统）		$+20$									
免耕			-7^{16}		-3^{9}						
少耕		-34	$+34$								
覆盖作物											
生物炭											
有机肥料（包括田间残留）		-34	$+16$	-34							
轮作/作物多样性/间作		$+19$	$+10$；-11；$+16$	2.2^{18}；10^{31}	$+17$；$+18$						
草地多样性			50^{8}								
总体生物多样性			$+3$；$+5$				$+3$	$+3$			

引用及注释

：表示对一般生态系统（或未用于放牧/割草的草地）的研究，不侧重于农业生产服务

编号及引用	注释
1 Bai 等，2019	平均值由针对多重因素的差异性分析得出：如土壤类型、气候带、试验持续时间等。
2 Beckmann 等，2019	为研究集约化产生的影响，我们从反方向入手，即采用粗放模式，研究其对生态农业的影响；并根据集约化的不同程度得出以下结果：当集约化水平较低时，集约化程度增强不会影响物种丰富度和产量；当集约化水平较高时，集约化程度增强会提高产量，但不影响物种丰富度；当集约化水平适中时，产量得到最大化提高，物种丰富度则最大化减少。
3 Cardinale 等，2012	研究生态系统，而不是农业生产系统。
4 De Graaff 等，2019	施氮后，土壤细菌和真菌多样性增加。每公顷施氮量低于 150 千克时，细菌多样性增加，高于 150 千克时，细菌多样性略微减少；矿质氮不会导致细菌多样性增加，而有机氮会使其增加。施氮导致丛枝菌根真菌多样性减少约 10%，但每公顷低于 150 千克的施用量仅导致其减少 5%，而高于 150 千克的施用量导致其显著减少 20%。
5 Duffy 等，2015	研究生态系统，而不是农业生产系统。
6 Gattinger 等，2012	报告相对于基线（非基线值）的绝对变化；仅报告来自净零投入系统的数据，只有这些系统反映了生态农业的养分循环范式。
7 Garcia-Palacios 等，2018	现在增加了额外数据，用于元分析。他们使用了与 Gattinger 等人（2012）基本相同的数据（有一些额外数据，但没有任何显著变化）。
8 Isbell 等，2015	指未用于放牧的草地，因此从狭义上来说，并不是研究农业生产系统；以下数据表明稳定性增加 50%：在物种较少的系统中，极端气候导致生态系统生产力损失 50%，而在物种较多的系统中，这种损失仅为 25%。
9 Knapp 和 Van der Hejden，2018	
10 Lesk 等，2015	根据他们的表述（即在发展中国家，生产系统更加多样化，因此极端事件对产量的影响较小），此项影响甚微。
11 Letourneau 等，2011	Q23 显著（难以在上面显示）；自然植物保护包括减少害虫丰度和损害，增加天敌数量；作物多样化包括各种间作方案。

（续）

编号及引用		注释
12	Li 等，2019	关于大量土壤物理性质的报告，如容重、水稳性团聚体、土壤有效水容量等。"有机肥料"在这里指在免耕和少耕系统中保留作物残茬。
13	Liu 等，2016	此项研究提及的物种较少；在这里，物种指线虫，结果根据不同线虫种类和有机肥种类而有所区别，富碳肥（秸秆等）比浆肥对线虫更有利。物种丰富度普遍随施氮量（除施用有机氮肥外）的增加而降低，而线虫数量随施肥量（各种肥料）的增加而增加（施用有机肥增加最多）；我们还得出：低投入系统含氮量相对较低。
14	Lori 等，2018	土壤微生物生物量是微生物氮、碳的平均增加量；土壤微生物群落的丰度和土壤微生物活性来源于文中报告的各种替代值（活性基于 4 个值，分别为 74%、84%、−4%（不显著）和 32%——我们大致将其记录为 50%）。
15	Muneret 等，2018	Crowder 等人（2010）的研究显示了类似的结果，我们假设研究包含了一部分（较少）相同的数据，因此没有涵盖这部分数据。
16	Pittelkow 等，2015	着眼于保护性农业，即免耕、保留作物残茬和轮作；一般来说，免耕导致产量下降，而其他两个方面又导致产量增加。不同环境下的产量反应不同，在干旱条件下，（采用免耕，保留作物残茬和轮作的保护性农业全面保护性农业）可显著提高约 7% 的产量。
17	Raseduzzaman 和 Jensen，2017	作物多样性指间作。
18	Reiss 和 Drinkwater，2018	作物多样性指混作；总的来说，混作后产量会提高 2.2%；仅考虑混合 4 种或 4 种以上作物，产量会增加 4%；不同作物之间也存在差异，玉米和豆类的产量分别增加 8% 和 4% 左右；混合作物的布局也与产量（目的和依据）相关，并且混合作物能更好地应对疾病等压力；最后，不同气候带之间也存在差异，热带地区的混合作物产量高出 10%，而温带地区仅高出 2%。
19	Renard 和 Tilman，2019	该研究考察了全国的作物多样性和总产量的稳定性。
20	Santos 等，2019	农林业与更高水平的生态系统服务显著相关，这些是用特定变量衡量的，我们报告了微生物活性和总产量，如凋落物分解等其他因素也包括在内；生物多样性方面的表现提升 45% 至 65%，因此我们报告为 55%；对于 ES，信号更加多样，未呈现具体数值。

（续）

编号及引用		注释
21	Seufert，2018	关于产量差距决定因素的更多细节，关于产量稳定性的一些讨论等，参考了关于该主题的其他元分析。
22	Seufert 和 Ramankutty，2017	包含许多其他元分析的研究。我们报告了先前尚未提及的与气候变化适应力和复原力有关的结果。
23	Sanders 和 Hess，2019	此项为德国研究，综合了大量关于温带有机农业绩效的其他元研究，以及一些指标；在此项研究所得数据中，蚯蚓丰度和生物量分别为78%和94%。
24	Torralba 等，2016	欧洲的农林业
25	Venter 等，2016	土壤微生物丰富度＋15%，土壤微生物多样性＋3%。
26	Crowder 和 Reganold，2015	Seufert 和 Ramankutty（2017）的研究中也有涉及到，但分别进行了报告
27	Tuck 等，2014	扩展了 Bengtsson 等人（2005）的元分析；在集约管理的景观中，影响最大。
28	Lichtenberg 等，2017	
29	Bongiorno 等，2019	有机物添加对线虫群落多样性等的非决定性影响。
30	McDaniel 等，2014	土壤微生物生物量碳和氮分别增加了 20% 和 25%；几乎在所有情况下，覆盖作物都是豆类。
31	Ponisio 等，2015	Seufert（2018）的研究中记录了对产量的一般影响；报告的轮作效应指有机系统，即产量比一般有机系统（产量差距为20%）高10%。
32	Poeplau 和 Don，2015	
33	Smith 等，2019	基于已有的元分析，增加了对利益指标可变性的具体分析。
34	Lee 等，2019	包含许多实践和指标；我们仅报告样本量为 8 或 8 以上的研究。

2.3 单一系统比较研究

我们查阅了生态农业相关文献，以寻找同行评审研究，他们（单一系统比较研究）利用对照组对生态农业生产系统进行对比研究，并为气候变化适应力差异提供定性或定量证据。因此，我们只考虑那些自称是评估生态农业或生态农业实践的研究，却忽略了这些研究的作者并未明确将其置于生态农业背景下。鉴于当前的采纳标准，我们搜索元分析和综述时包含了很多没有明确提及生态农业的案例研究，前一小节已做出陈述。

为了进行单一系统比较研究，2019 年 4 月，我们在两个搜索引擎中检索了以下关键词：

（1）科学网：

➢ 以"气候变化"和"生态农业"为主题进行检索，浏览全部结果。

（2）谷歌学术：

➢ "生态农业"和"气候变化"，浏览前 200 个结果。

由于仅找到了作者自称或多或少涉及生态农业的文章，我们将搜索范围扩展到与生态农业学密切相关的术语，如下所示：

➢ "永续农业"和"气候变化"，速览前 100 个结果；

➢ "再生农业"和"气候变化"，浏览前 100 个结果；

➢ "林牧复合"和"气候变化"，速览前 100 个结果；

➢ "零预算自然农业"和"气候变化"，浏览前 100 个结果。

2019 年 6 月，我们在谷歌学术中用西班牙语、法语、意大利语和葡萄牙语检索了以下关键词，并浏览了前 100 条搜索结果（在许多情况下，搜索结果少得多）：

➢ "agroecolog∗"和"cambio climatico"；

➢ "permacultura"和"cambio climatico"；

➢ "agricultura regenerativa"和"cambio climatico"；

➢ "CSA"和"cambio climatico"；

➢ "agroecolog∗"和"changement climatique"；

➢ "permaculture"和"changement climatique"；

➢ "agriculture regeneratrice"和"changement climatique"；

➢ "CSA"和"changement climatique"；

➢ "agroecolog∗"和"changement climatique"；

➢ "permacultura"和"changement climatique"；

➢ "agricoltura regenerativa"和"changement climatique"；

➢ "CSA"和"changement climatique"。

我们联系了巴西农业生态博士 Dayana Andrade，希望获得西班牙语文献，然而没有发现任何有价值的研究。

编辑该文献数据库时，我们还添加了浏览研究时偶然发现的相关文献，例如参考文献列表中的文献，或其他研究人员直接提供的文献。

初步研究得到 185 份文献（120E；35F；23ES；4I；3P）。随后，我们筛选所有文献：

> 同行评审或"接近同行评审"（如博士论文）；
> 提升气候变化适应力相关方面（而不是仅关注缓解）；
> 文献是否真正对生态农业进行分析，取决于 Biovision 框架下的做法是否得到分析，提及此类做法的文章也会被保留并进一步得以分析；
> 文献是否将"生态农业"与"传统"对照组情况进行比较，进一步的分析中排除了关于生态农业绩效未与基线对比的文献；
> 文献是否描述绩效差异的定量或定性指标，分析时将排除没有此类数据的文章。

最终剩余 17 项研究。因为缺乏证据或对照组，以及非政府组织、研究机构报告没有经过同行审查，不得不放弃许多研究。研究机构报告提供了有价值的信息，但为了保守起见，无法将其纳入分析。其中一些被列在数据库文件"Review _ AgroecandcAdapt _ LiteratureAnalysis. docx"标题"轶事证据示例"下：

> 生态农业实践；
> 绩效指标；
> 研究所在的国家、地区、大陆；
> 研究所在的生态农业区；
> 实施规模（1 个地方、2 个区域、3 个国家、4 个国际）；
> 生态农业案例对应的粮农组织要素；
> 生态农业实践专家水平；
> 实践是否也体现了气候变化缓解潜力（仅需要定性证据，编码为二元指标：1 是；0 否）；
> 研究是否涉及特定的极端天气事件，如暴雨或干旱，在这些极端条件下，适应能力或复原力变得非常明显，并且可以在短时间内观察到；
> 研究是否采用整体性方法，在其经验方法中涵盖生态农业的复杂性。

2.4 潜在数据偏差

除了自称与生态农业相关的案例研究外，我们编制的数据库还包含大量案例研究。这些案例研究分析了农业生产系统、实践和特征如何与生态农业以及气候变化适应和复原力指标密切相关（但未明确提及该术语）。例如，有机生产系统与传统生产系统在产量稳定性方面的比较，生态农业系统物种多样性水平在总生物量生产方面的比较，或有机肥料系统与矿物肥料系统在土壤肥力方面的比较。第二类案例研究已在多个不同主题的分析和综述合集中反复出现，因此，我们不专门检索这些案例研究，而是直接利用相应元分析和综述的结果。数据库便涵盖了基于案例研究的知识，即使它们没有明确提及生态农业。

然而，这种方法可能导致两种偏差。第一，对单一案例研究的审查不包括没有自称有关生态农业的研究。然而，未提及生态农业的研究包含在分析和综述合集中，因此，案例研究选择中的偏差不会导致所涵盖知识库的偏差。第二，分析和综述合集也可能涵盖单一的生态农业案例研究。然而，与其涉及的大量研究相比，后者的数量较少，这种潜在的重复计数不会导致任何偏差。

2.5　推广服务和知识转移综述

我们将关于农业生产系统绩效的推广、农村咨询服务（RAS）和知识传播的综述作为评估生态农业气候变化适应潜力的第三部分文献。这是基于如下假设：为了通过生态农业促进耕作制度的转变，有效的创新共享至关重要，共创和共享知识是生态农业的组成部分（粮农组织，2018）。此外，资源评估的任务已从注重生产力扩大到更全面的视角，包括营养、生计、性别和环境可持续性等问题，从而将其与生态农业的核心紧密联系起来（David 和 Cofini，2017）。

我们采用大量元研究法，对国际影响评估倡议（3ie）关于农业的创新进行研究，并以此为出发点（Lopez-Avila, Husain 等，2017），由此选定了 3 篇相关文章，均与知识传播和共创对农业生产系统绩效影响的定量审查相关。它们与生态农业没有直接关系，但鉴于知识转移和交流在生态农业中发挥核心作用，这些文献可能有助于识别生态农业中与此相关的重要方式，正如上述分析仅将多样性相关模式确定为生态农业特征，而没有具体提及明确涉及生态农业的论文。

2.6　数据分析

由于确定的研究数量很少，报告的背景和指标各不相同，因此无法进行正式的元分析。我们对数据进行了如下分析：

➤ 单一系统比较研究中实施的实践所指的 Gliessman 五个层级的描述性分析；

➤ 单一系统比较研究中实施的实践所涉及的生态农业十大要素的描述性分析；

➤ 单一系统比较研究所指的生态农业实践的描述性分析；

➤ 关于粮农组织绩效指标的单一系统比较研究中生态农业绩效的综述，重点是与气候变化适应力最直接相关的指标（9 农业生物多样性；10 土壤健康），但也考虑与复原力广泛相关的因素（2 生产力；3 收入）；

➤ 补充元分析中确定的模式的综述；

➢ 对农村咨询服务和知识转移审查的综述。

2.7　数据库

所有数据都存在文件"LiteratureReview ＿ Data ＿ 1 ＿ 11 ＿ 2019. xlsx"中，第一个工作表"注释"包含一些关于其结构和内容的信息。

单一系统比较研究和元分析/综述的分析中涉及的所有论文都在"Review ＿ AgroecAndCCAdapt ＿ Literature Analysed. docx"文件中列出。

附录 3　元分析中分析的文献列表 (3)

3.1　单一系统比较研究 (♯17)

＊ 表示采用整体方法进行的研究 (♯5)，相对全面地涵盖和评估了生态农业。
＋表示基于极端天气事件前后的比较研究 (♯3)。

Balehegn, M. , L. Eik and Y. Tesfay. 2015. Silvopastoral system based on Ficus thonningii: an adaptation to climate change in northern Ethiopia. African Journal of Range & Forage Science, 32(2).

Barkaoui, K. , M. Birouste, P. Bristiel, C. Roumet & F. Volaire. 2015. La diversité fonctionnelle racinaire peutelle favoriser la résilience des mélanges de graminées méditerranéennes sous sécheresses sévères?

＊ **Bezner Kerr, R. , J. Kangmennaang, L. Dakishoni, H. Nyantakyi-Frimpong, E. Lupafya, L. Shumba, R. Msachi, G. O. Boateng, S. S. Snapp, A. Chitaya, E. Maona, T. Gondwe, P. Nkhonjera & I. Luginaah** 2019. Participatory agroecological research on climate change adaptation improves smallholder farmer household food security and dietary diversity in Malawi. Agriculture, Ecosystems & Environment, 279: 109-121.

＊ **Björklund, J. , H. Araya, S. Edwards, A. Goncalves, K. Höök, J. Lundberg & C. Medina.** 2012. Ecosystem-Based Agriculture Combining Production and Conservation-A Viable Way to Feed the World in the Long Term?

Bunch, R. 2000. More productivity with fewer external inputs: central american case studies of agroecological development and their broader implications.

＊ **Calderón, C. I. , Jerónimo, C. , Praun, A. , Reyna, J. , Santos Castillo, I. D. , León, R. , Hogan, R. & Córdova, J. P.** 2018. Agroecology-based farming provides grounds for more resilient livelihoods among smallholders in Western Guatemala. Agroecology and Sustainable Food Systems, 42: 1128-1169.

Diacono, M. , A. Fiore, R. Farina, S. Canali, C. Di Bene, E. Testani & F. Montemurro. 2016. Combined agro-ecological strategies for adaptation of organic horticultural systems to climate change in Mediterranean environment. Italian Journal of Agronomy, 11: 85.

Garrity, D. P. , F. K. Akinnifesi, O. C. Ajayi, S. G. Weldesemayat, J. G. Mowo, A. Kalinganire, M. Larwanou & J. Bayala. 2010. Evergreen Agriculture: a robust approach to sustainable food security in Africa. Food Security, 2 (3): 197-214.

+ Holt-Giménez, E. 2002. Measuring farmers' agroecological resistance after Hurricane Mitch in Nicaragua: a case study in participatory, sustainable land management impact monitoring. Ecosystems and Environment.

* Kangmennaang, J. , R. B. Kerr, E. Lupafya, L. Dakishoni, M. Katundu & I. Luginaah. 2017. Impact of a participatory agroecological development project on household wealth and food security in Malawi. Food Security, 9: 561-576.

Martin, G. & M. Willaume. 2016. A diachronic study of greenhouse gas emissions of French dairy farms according to adaptation pathways. Agriculture, Ecosystems & Environment, 221: 50-59.

Montagnini, F. , M. Ibrahim and E. M. Restrepo. 2013. Silvopastoral systems and climate change mitigation in Latin America. Bois et forets des tropiques, 316(2).

* + Rosset, M. P. , B. Machín Sosa, A. María Roque Jaime and D. Rocío Ávila Lozano, 2011. The Campesino-to-Campesino agroecology movement of ANAP in Cuba: social process methodology in the construction of sustainable peasant agriculture and food sovereignty. The Journal of Peasant Studies, 38(1): 161.

Salazar, A. H. 2013. Propuesta metodologica de medicion de la resiliencia agroecologica en sistemans socio-ecologicos: un estudio de caso en los andes colombianos. Agroecologia, 8(1).

Souza, H. N. d. , R. G. M. de Goede, L. Brussaard, I. M. Cardoso, E. M. G. Duarte, R. B. A. Fernandes, L. C. Gomes and M. M. Pulleman. 2012. Protective shade, tree diversity and soil properties in coffee agroforestry systems in the Atlantic Rainforest biome. Agriculture, Ecosystems & Environment, 146 (1): 179-196.

+Speakman, D. & D. Speakman 2018. Growing at the Margins: Adaptation to Severe Weather in the Marginal Lands of the British Isles. Weather, Climate, and Society, 10: 121-136.

3.2 轶事证据示例 (♯8)

为了举例说明，我们提供了一些轶事证据的例子（这些案例十分有趣，同时前景向好，但并不符合科学研究严谨的规范）：

Altieri, M. A. , F. R. Funes-Monzote & P. Petersen. 2012. Agroecologically efficient agricultural systems for smallholder farmers: contributions to food sovereignty. Agronomy for Sustainable Development, 32:1-13.

Altieri, M. A. & C. I. Nicholls. 2010. Agroecologia: potenciando la agricultura campesina para revertir el hambre y la inseguridad alimantaria en el mundo. Revista de Economia Critica, 10.

Cardona, C. , J. Ramirez, A. Morales, E. Restrepo, J. Orozco, J. Vera, F. Sanchez, M. Estrada, B. Sanchez & R. Rosales. 2014. Contribution of intensive silvopastoral systems to animal performance and to adaptation and mitigation of climate change. Revista Colombiana de Ciencias Pecuarias, 27.

Gyasi, E. & K. G. Awere. 2018. Adaptation to Climate Change: Lessons from Farmer Responses to Environmental Changes in Ghana. Strategies for Building Resilience against Climate and Ecosystem Changes in Sub-Saharan Africa. O. Saito, G. Kranjac-Berisavljevic, K. Takeuchi and E. Gyasi, Springer.

Montalba, R. , F. Fonseca, M. Garcia, L. Vieli & M. A. Altieri. 2015. Determinación de los niveles de riesgo socioecológico ante sequías en sistemas agrícolas campesinos de La Araucanía chilena. Influencia de la diversidad cultural y la agrobiodiversidad. Papers, 100(4).

Oakland Institute, Agro-ecology and water harvesting in Zimbabwe.

Oakland Institute, Biointense Agriculture training programm in Kenya.

Oakland Institute, Restoring ecological balance and bolstering social and economic development in Niger.

3.3　元分析（♯34）

Bai, X. , Y. Huang, W. Ren, M. Coyne, P. A. Jacinthe, B. Tao, D. Hui, J. Yang & C. Matocha. 2019. Responses of soil carbon sequestration to climate-smart agriculture practices: A meta-analysis. Global Change Biology, 25 (8): 2591-2606.

Beckmann, M. , K. Gerstner, M. Akin-Fajiye, S. Ceausu, S. Kambach, N. L. Kinlock, H. R. P. Phillips, W. Verhagen, J. Gurevitch, S. Klotz, T. Newbold, P. H. Verburg, M. Winter & R. Seppelt. 2019. Conventional land-use intensification reduces species richness and increases production: A global meta-analysis. Global Change Biology, 25(6):1941-1956.

Bongiorno, G. , N. Bodenhausen, E. K. Bünemann, L. Brussaard, S. Geisen, P. Mäder, C. W. Quist, J. -C. Walser & R. G. M. de Goede. 2019. Reduced tillage, but not organic matter input, increased nematode diversity and food web stability in European long-term field experiments. Molecular Ecology, 0(0).

Cardinale, B. J. , J. E. Duffy, A. Gonzalez, D. U. Hooper, C. Perrings, P. Venail, A. Narwani, G. M. Mace, D. Tilman, D. A. Wardle, A. P. Kinzig, G. C. Daily, M. Loreau, J. B. Grace, A. Larigauderie, D. S. Srivastava & S. Naeem. 2012. Biodiversity loss and its impact on humanity. Nature, 486(7401):59-67.

Crowder, D. W. & J. P. Reganold. 2015. Financial competitiveness of organic agriculture on a global scale. Proceedings of the National Academy of Sciences, 112(24):7611-7616.

de Graaff, M. -A. , N. Hornslein, H. L. Throop, P. Kardol & L. T. A. van Diepen. 2019. Effects of agricultural intensification on soil biodiversity and implications for ecosystem functioning: A meta-analysis. Advances in Agronomy, 155.

Duffy, J. E. , C. M. Godwin & B. J. Cardinale. 2017. Biodiversity effects in the wild are common and as strong as key drivers of productivity. Nature, 549:261.

Gattinger, A. , A. Muller, M. Haeni, C. Skinner, A. Fliessbach, N. Buchmann, P. Mäder, M. Stolze, P. Smith, N. E. -H. Scialabba & U. Niggli. 2012. Enhanced top soil carbon stocks under organic farming. Proceedings of the National Academy of Sciences, 109(44):18226-18231.

García-Palacios, P. , A. Gattinger, H. Bracht-Jørgensen, L. Brussaard, F. Carvalho, H. Castro, J. -C. Clément, G. De Deyn, T. D'Hertefeldt, A. Foulquier, K. Hedlund, S. Lavorel, N. Legay, M. Lori, P. Mäder, L. B. Martínez-García, P. Martins da Silva, A. Muller, E. Nascimento, F. Reis, S. Symanczik, J. Paulo Sousa & R. Milla. 2018. Crop traits drive soil carbon sequestration under organic farming. Journal of Applied Ecology, 55(5):2496-2505.

Isbell, F. , D. Craven, J. Connolly, M. Loreau, B. Schmid, C. Beierkuhnlein, T. M. Bezemer, C. Bonin, H. Bruelheide, E. de Luca, A. Ebeling, J. N. Griffin, Q. Guo, Y. Hautier, A. Hector, A. Jentsch, J. Kreyling, V. Lanta, P. Manning, S. T. Meyer, A. S. Mori, S. Naeem, P. A. Niklaus, H. W. Polley, P. B. Reich, C. Roscher, E. W. Seabloom, M. D. Smith, M. P. Thakur, D. Tilman, B. F. Tracy, W. H. van der Putten, J. van Ruijven, A. Weigelt, W. W. Weisser, B. Wilsey & N. Eisenhauer. 2015. Biodiversity increases the resistance of ecosystem productivity to climate extremes. Nature, 526:574.

Knapp, S. & M. G. A. van der Heijden. 2018. A global meta-analysis of yield stability in organic and conservation agriculture. Nature Communications, 9(1): 3632.

Lesk, C., P. Rowhani & N. Ramankutty. 2016. Influence of extreme weather disasters on global crop production. Nature, 529:84.

Letourneau, D. K., I. Armbrecht, B. S. Rivera, J. M. Lerma, E. J. Carmona, M. C. Daza, S. Escobar, V. Galindo, C. Gutiérrez, S. D. López, J. L. Mejía, A. M. A. Rangel, J. H. Rangel, L. Rivera, C. A. Saavedra, A. M. Torres & A. R. Trujillo. 2011. Does plant diversity benefit agroecosystems? A synthetic review. Ecological Applications, 21(1):9-21.

Li, Y., Z. Li, S. Cui, S. Jagadamma & Q. Zhang. 2019. Residue retention and minimum tillage improve physical environment of the soil in croplands: A global meta-analysis. Soil and Tillage Research, 194:104292.

Lichtenberg, E. M., C. M. Kennedy, C. Kremen, P. Batáry, F. Berendse, R. Bommarco, N. A. Bosque-Pérez, L. G. Carvalheiro, W. E. Snyder, N. M. Williams, R. Winfree, B. K. Klatt, S. Åström, F. Benjamin, C. Brittain, R. Chaplin-Kramer, Y. Clough, B. Danforth, T. Diekötter, S. D. Eigenbrode, J. Ekroos, E. Elle, B. M. Freitas, Y. Fukuda, H. R. Gaines-Day, H. Grab, C. Gratton, A. Holzschuh, R. Isaacs, M. Isaia, S. Jha, D. Jonason, V. P. Jones, A.-M. Klein, J. Krauss, D. K. Letourneau, S. Macfadyen, R. E. Mallinger, E. A. Martin, E. Martinez, J. Memmott, L. Morandin, L. Neame, M. Otieno, M. G. Park, L. Pfiffner, M. J. O. Pocock, C. Ponce, S. G. Potts, K. Poveda, M. Ramos, J. A. Rosenheim, M. Rundlöf, H. Sardiñas, M. E. Saunders, N. L. Schon, A. R. Sciligo, C. S. Sidhu, I. Steffan-Dewenter, T. Tscharntke, M. Vesely, W. W. Weisser, J. K. Wilson & D. W. Crowder. 2017. A global synthesis of the effects of diversified farming systems on arthropod diversity within fields and across agricultural landscapes. Global Change Biology, 23(11):4946-4957.

Liu, T., X. Chen, F. Hu, W. Ran, Q. Shen, H. Li & J. K. Whalen. 2016. Carbon-rich organic fertilizers to increase soil biodiversity: Evidence from a meta-analysis of nematode communities. Agriculture, Ecosystems & Environment, 232:199-207.

Lori, M., S. Symnaczik, P. Möder, G. De Deyn & A. Gattinger, 2017. Organic farming enhances soil microbial abundance and activity-A meta-analysis and meta-regression. PLOS ONE, 12(7):e0180442.

McDaniel, M. D. , L. K. Tiemann & A. S. Grandy. 2014. Does agricultural crop diversity enhance soil microbial biomass and organic matter dynamics? A meta-analysis. Ecological Applications, 24(3):560-570.

Muneret, L. , M. Mitchell, V. Seufert, S. Aviron, E. A. Djoudi, J. Pétillon, M. Plantegenest, D. Thiéry & A. Rusch. 2018. Evidence that organic farming promotes pest control. Nature Sustainability, 1(7):361-368.

Ndiso, J. B. , Chemining'wa, G. N. , Olubayo, F. M. & Saha, H. M. 2017. Effect of cropping system on soil moisture content, canopy temperature, growth and yield performance of maize and cowpea. International Journal of Agricultural Sciences, 7:1271-1281.

Pittelkow, C. M. , X. Liang, B. A. Linquist, K. J. Van Groenigen, J. Lee, M. E. Lundy, N. van Gestel, J. Six, R. T. Venterea & C. van Kessel. 2015. Productivity limits and potentials of the principles of conservation agriculture. Nature, 517 (7534):365-368.

Poeplau, C. & A. Don. 2015. Carbon sequestration in agricultural soils via cultivation of cover crops-A meta-analysis. Agriculture, Ecosystems & Environment, 200:33-41.

Ponisio, L. C. , L. K. M'Gonigle, K. C. Mace, J. Palomino, P. de Valpine & C. Kremen. 2015. Diversification practices reduce organic to conventional yield gap. Proceedings of the Royal Society of London B: Biological Sciences, 282 (1799):20141396.

Raseduzzaman, M. & E. S. Jensen. 2017. Does intercropping enhance yield stability in arable crop production? A meta-analysis. European Journal of Agronomy, 91:25-33.

Reiss, E. R. & L. E. Drinkwater. 2018. Cultivar mixtures: a meta-analysis of the effect of intraspecific diversity on crop yield. Ecological Applications, 28(1): 62-77.

Renard, D. & D. Tilman. 2019. National food production stabilized by crop diversity. Nature, 571(7764):257-260.

Santos, P. Z. F. , R. Crouzeilles & J. B. B. Sansevero. 2019. Can agroforestry systems enhance biodiversity and ecosystem service provision in agricultural landscapes? A meta-analysis for the Brazilian Atlantic Forest. Forest Ecology and Management, 433:140-145.

Seufert, V. & N. Ramankutty. 2017. Many shades of gray-The context-dependent performance of organic agriculture. Science Advances, 3(3).

Seufert, V. 2018. Comparing Yields: Organic Versus Conventional Agriculture. Encyclopedia of Food Security and Sustainability. P. Ferranti, E. M. Berry and J. R. Anderson. Oxford, Elsevier: 196-208.

Sanders, J. & J. Hess, Eds. 2019. Leistungen des ökologischen Landbaus für Umwelt und Gesellschaft. Thünen Report. Braunschweig, Johann Heinrich von Thünen-Institut.

Smith, O. M., A. L. Cohen, C. J. Rieser, A. G. Davis, J. M. Taylor, A. W. Adesanya, M. S. Jones, A. R. Meier, J. P. Reganold, R. J. Orpet, T. D. Northfield & D. W. Crowder. 2019. Organic Farming Provides Reliable Environmental Benefits but Increases Variability in Crop Yields: A Global Meta-Analysis. Frontiers in Sustainable Food Systems, 3: 82.

Torralba, M., N. Fagerholm, P. J. Burgess, G. Moreno & T. Plieninger. 2016. Do European agroforestry systems enhance biodiversity and ecosystem services? A meta-analysis. Agriculture, Ecosystems & Environment, 230: 150-161.

Tuck, S. L., C. Winqvist, F. Mota, J. Ahnström, L. A. Turnbull & J. Bengtsson. 2014. Land-use intensity and the effects of organic farming on biodiversity: a hierarchical meta-analysis. Journal of Applied Ecology. 51(3): 746-755.

Valdivia-Díaz, M,. Phillips, S., Despretz, Z., Senghor, S. & Mondovi, S. Forthcoming. Exploring traditional ecological knowledge and practices for climate change adaptation: towards Climate Field School platforms in Senegal. Rome, Italy.

Venter, Z. S., K. Jacobs and H.-J. Hawkins. 2016. The impact of crop rotation on soil microbial diversity: A meta-analysis. Pedobiologia, 59(4): 215-223.

3.4 综述（♯19）

Adidja, M., J. Mwine, J. G. Majaliwa & J. Ssekandi. 2019. The Contribution of Agro-ecology as a Solution to Hunger in the World: A Review. Asian Journal of Agricultural Extension, Economics & Sociology, 33(2): 1-22.

Altieri, M. A., C. I. Nicholls, A. Henao & M. A. Lana. 2015. Agroecology and the design of climate change-resilient farming systems. Agronomy for Sustainable Development.

Cöte, F.-X., E. Poirier-Magona, S. Perret, B. Rapidel, P. Roudier & M.-C. Thirion, Eds. 2019. The agroecological transition of agricultural systems in the Global South Agricultures et défis du monde collection. Versailles, AFD, CIRAD, éditions Quæ.

D′Annolfo, R. , B. Gemmill-Herren, B. Graeub & L. A. Garibaldi. 2017. A review of social and economic performance of agroecology. International Journal of Agricultural Sustainability 15(6):632-644.

Debray, V. , A. Wezel, A. Lambert-Derkimba, K. Roesch, G. Lieblein & C. A. Francis. 2019. Agroecological practices for climate change adaptation in semi-arid and subhumid Africa. Agroecology and Sustainable Food Systems 43 (4):429-456.

Diacono, M. and F. Montemurro. 2011. Long-Term Effects of Organic Amend-ments on Soil Fertility. Sustainable Agriculture Volume 2. E. Lichtfouse, M. Hamelin, M. Navarrete and P. Debaeke. Dordrecht, Springer Netherlands: 761-786.

IPCC. 2019. Climate Change and Land, Intergovernmental Panel in Climate Change IPCC.

Isbell, F. , D. Craven, J. Connolly, M. Loreau, B. Schmid, C. Beierkuhnlein, T. M. Bezemer, C. Bonin, H. Bruelheide, E. de Luca, A. Ebeling, J. N. Griffin, Q. Guo, Y. Hautier, A. Hector, A. Jentsch, J. Kreyling, V. Lanta, P. Manning, S. T. Mey-er, A. S. Mori, S. Naeem, P. A. Niklaus, H. W. Polley, P. B. Reich, C. Roscher, E. W. Seabloom, M. D. Smith, M. P. Thakur, D. Tilman, B. F. Tracy, W. H. van der Putten, J. van Ruijven, A. Weigelt, W. W. Weisser, B. Wilsey & N. Eisenhauer. 2015. Biodiversity increases the resistance of ecosystem productivity to cli-mate extremes. Nature 526:574.

Lichtfouse, E. , Ed. 2012. Agroecology and Strategies for Climate Change. Sus-tainable Agriculture Reviews, Springer.

Manns, H. R. & R. C. Martin. 2018. Cropping system yield stability in response to plant diversity and soil organic carbon in temperate ecosystems. Agroecol-ogy and Sustainable Food Systems, 42(7):724-750.

Murgueitio, E. , Z. Calle, F. Uribe, A. Calle & B. Solorio. 2011. Native trees and shrubs for the productive rehabilitation of tropical cattle ranching lands. For-est Ecology and Management, 261(10):1654-1663.

Pamuk, H. , E. Bulte & A. A. Adekunle. 2014. Do decentralized innovation sys-tems promote agricultural technology adoption? Experimental evidence from Africa. Food Policy, 44:227-236.

Partey, S. T. , R. B. Zougmoré, M. Ouédraogo & B. M. Campbell. 2018. Develo-ping climate-smart agriculture to face climate variability in West Africa: Challenges and lessons learnt. Journal of Cleaner Production, 187:285-295.

Pretty, J. & R. Hine, 2001. Reducing Food Poverty with Sustainable Agriculture: A Summary of New Evidence Final Report from the "SAFE-World" (The Potential of Sustainable Agriculture to Feed the World), Research Project.

Rossing, W., P. Modernel & P. Tittonell. 2014. Diversity in Organic and Agroecological Farming Systems for Mitigation of Climate Change Impact, with Examples from Latin America. Climate Change Impact and Adaptation in Agricultural Systems. J. Fuhrer and P. Gregory, CABI.

Sinclair, F., Wezel, A., Mbow, C., Chomba, S., Robiglio, V., & Harrison, R. 2019. The Contribution of Agroecological Approaches to Realizing Climate-Resilient Agriculture. Rotterdam and Washington DC, Global Commission on Adaptation GCA.

Thiéry, D., P. Louapre, L. Muneret, A. Rusch, G. Sentenac, F. Vogelweith, C. Iltis & J. Moreau. 2018. Biological protection against grape berry moths. A review. Agronomy for Sustainable Development, 38(15).

Uphoff, N. 2017. Agroecology & Sustainable Food Systems SRI: An agroecological strategy to meet multiple objectives with reduced reliance on inputs.

van der Ploeg, J. D., D. Barjolle, J. Bruil, G. Brunori, L. M. Costa Madureira, J. Dessein, Z. Drag, A. Fink-Kessler, P. Gasselin, M. Gonzalez de Molina, K. Gorlach, K. Jürgens, J. Kinsella, J. Kirwan, K. Knickel, V. Lucas, T. Marsden, D. Maye, P. Migliorini, P. Milone, E. Noe, P. Nowak, N. Parrott, A. Peeters, A. Rossi, M. Schermer, F. Ventura, M. Visser & A. Wezel, 2019. The economic potential of agroecology: Empirical evidence from Europe. Journal of Rural Studies, 71:46-61.

3.5 推广服务和知识转让审查（♯3）

Davis, K., E. Nkonya, E. Kato, D. Mekonnen, M. Odendo, R. Miiro & J. Nkuba. 2012. Impact of farmer field schools on agricultural productivity and poverty in East Africa. World Development 40(2).

Knook, J., V. Eory, M. Brander & D. Moran. 2018. Evaluation of farmer participatory extension programmes. The Journal of Agricultural Education and Extension, 24(4):309-325.

Pamuk, H., E. Bulte & A. A. Adekunle. 2014. Do decentralized innovation systems promote agricultural technology adoption? Experimental evidence from Africa. Food Policy, 44:227-236.

附录 4 社会案例研究：农民社区看法

专题小组讨论的气候变化问题清单

➤ 他们在哪一年发现气候发生了显著变化？从第一次发生极端天气事件的确切日期开始列起，直到现在。哪里的初次降雨日期或雨季长度有变化？从 2015 年开始，气候发生了巨大变化，2015—2016 年，厄尔尼诺一直降雨，而从 2018 年至今，干旱一直持续。降雨量低于正常水平，无法维持旱作农业。刚刚结束的"长时间"降雨始于 4 月下旬，于 5 月下旬结束，这可能会导致塔卡拉农作物歉收，尤其是最受欢迎的作物绿豆歉收。部分地区 2 年无收成。

➤ 你能在地图上找到并列举出受极端天气影响的地区吗？这种效应是如何产生的？例如：庄稼是怎么丢的？失去了什么庄稼？是由于热量增加？还是害虫？什么害虫？是新品种吗？开花月份缺水吗？地图中并没有捕捉到 2016—2018 年的风吹草动。作物歉收主要是由于开花前后降雨量低于正常水平。青克、豇豆和木豆作物因干旱而歉收。很少有秋季黏虫感染玉米的案例（最近）。

➤ 请描述该事件如何影响土壤、水、植被和/或作物和动物和/或牲畜：干旱通常导致土地/土壤退化、作物和一些溪流变干以及牧场和其他草本植物减少，导致一些牲畜死亡。

➤ 如果一个地区受到严重影响，这是否会影响其他相关地区？如果会，那是如何影响的？当海拔较高的土地退化时，农牧民带着他们的动物沿着河流放牧，过度放牧导致河流退化。此外，高地的侵蚀导致河流受到污染。

➤ 更多受益于自然的地区是否更适应重大气候事件？他们是否或多或少地受到了影响？这是否影响提供服务？每个地方都受到气候冲击的影响，但像河流和森林这样的保护区在严重的气候变化中保持了一定的复原力。

➤ 为什么他们会这样认为？该地区物种对保持复原力有何贡献？森林和河流保持着良好的湿度水平，因此生长在那里的植物更具复原力。由于良好的保护性植被覆盖，这些地区的土壤也不太容易受到侵蚀。

水

➤ 在水中观察到了哪些变化（来源、质量等的下降）？从何时何地？为什么会这样？他们是如何意识到变化的？

　　由于干旱和过度抽取，水量减少；侵蚀造成沉积（水质问题）十五年来很少灌溉，但是现在过量用水，过量使用农药。因为人生病不是快速的过程，而是常年累月的；通过霍乱，人们意识到了变化。

➤ 他们知道保护水系统的方法吗（实践、植物/动物物种）？他们是怎么做到的？

　　是的。植树和避免在森林和河流中放牧。

➤ 什么样的结构或物种有助于节水？

　　无花果树和草本植物。

季节性日历

➤ 什么是传统的气候预测器，即允许它们预测给定季节开始的信号？例如，特定树木的开花标志着雨季的开始。宇宙中的一些变化，例如恒星（由长者研究的星座）；环境变化，如某些树木开花、落叶；鸟类运动（远离干旱和害虫）；像蝴蝶这样的昆虫（朝某个方向移动的害虫很多）。云向东南方向的移动。

➤ 在各个季节，影响社区和经济支出的主要疾病有哪些？主要是害虫，如破坏玉米作物的秋季黏虫。新城堡家禽疾病在旱季出现。烟道干燥寒冷多风。霍乱伴有雨季和洪水。旱季的大部分支出是因为疟疾和流感。温度适中，利于滋生带菌昆虫。

图书在版编目（CIP）数据

生态农业发展潜力：建立气候适应型生计和粮食体系 / 联合国粮食及农业组织编著；高战荣等译. —北京：中国农业出版社，2022.12
（FAO中文出版计划项目丛书）
ISBN 978-7-109-30327-0

Ⅰ.①生… Ⅱ.①联… ②高… Ⅲ.①生态农业—农业发展—研究 Ⅳ.①S-0

中国国家版本馆 CIP 数据核字（2023）第 002606 号

著作权合同登记号：图字 01 - 2022 - 3999 号

生态农业发展潜力——建立气候适应型生计和粮食体系
SHENGTAI NONGYE FAZHAN QIANLI—JIANLI QIHOU SHIYINGXING SHENGJI HE LIANGSHI TIXI

中国农业出版社出版
地址：北京市朝阳区麦子店街 18 号楼
邮编：100125
责任编辑：王秀田　文字编辑：张楚翘
版式设计：杜　然　责任校对：吴丽婷
印刷：北京中兴印刷有限公司
版次：2022 年 12 月第 1 版
印次：2022 年 12 月北京第 1 次印刷
发行：新华书店北京发行所
开本：700mm×1000mm　1/16
印张：10.25
字数：200 千字
定价：79.00 元